入門 React
コンポーネントベースのWebフロントエンド開発

Frankie Bagnardi, Jonathan Beebe, Richard Feldman,　著
Tom Hallett, Simon Højberg, Karl Mikkelsen

宮崎 空　訳

本書で使用するシステム名、製品名は、それぞれ各社の商標、または登録商標です。
なお、本文中では™、®、©マークは省略している場合もあります。

Developing a React Edge

The JavaScript Library for User Interfaces

Here are the true identities of the League of Extraordinary Developers:
Frankie Bagnardi, Jonathan Beebe, Richard Feldman, Tom Hallett, Simon Højberg, and Karl Mikkelsen

Developing a React.js Edge: The JavaScript Library for User Interfaces. Copyright ©2014 by Frankie Bagnardi, Jonathan Beebe, Richard Feldman, Tom Hallett, Simon Højberg, Karl Mikkelsen. Japanese translation copyright ©2014 Bleeding Edge Press.
Japanese-language edition copyright ©2015 by O'Reilly Japan, Inc. All rights reserved. This Japanese edition was published by arrangement with Bleeding Edge Press.

本書は、株式会社オライリー・ジャパンがBleeding Edge Press.の許諾に基づき翻訳したものです。日本語版についての権利は、株式会社オライリー・ジャパンが保有します。

日本語版の内容について、株式会社オライリー・ジャパンは最大限の努力をもって正確を期していますが、本書の内容に基づく運用結果については責任を負いかねますので、ご了承ください。

まえがき

Reactとは

　ReactはWebアプリケーションのユーザーインタフェースを構築するためのJavaScriptライブラリです。Facebookが開発したライブラリで、2013年にオープンソース化されました。Reactは従来とまったく異なる方法でブラウザのDOMを扱います。手動でDOMを更新して状態を管理するといった旧態依然としたアプリケーションの開発方法は、スケーラビリティの点で劣っており、新機能の開発を遅らせる要因となります。一方、Reactを使えばユーザーインタフェースをより宣言的に記述することができます。またReactの仮想DOMという方式により、DOMの更新は最小限に抑えられるため、データが変更されるたびにアプリケーション全体を再描画するというスタイルが可能になります。それにより、開発者はDOMのどの部分を更新すべきか悩まなくてもよくなります。

本書の内容

　Reactには従来のやり方を根本的に変えてしまう新しい概念がいくつか導入されています。本書ではそれらすべての概念を紹介するとともに、それらがスケーラブルなシングルページアプリケーション（SPA）を開発する上でいかに役立つか説明します。

　Reactはアプリケーションの「ビュー」と呼ばれる部分に特化しており、その他の部分、例えばサーバーとの通信やアプリケーションの構造についてはいっさい関知しません。本書ではReactを使って完全なアプリケーションを構築する上でのベストプラクティスや、利用可能なツールについても説明します。

前提知識

本書を最大限に活用するためには、前提条件としてJavaScriptとHTMLの知識が必要です。BackboneやAngularJS、Emberなどを利用してSPAを開発したことがあると、本書の内容をよりスムーズに理解できますが、SPAの開発経験が必須というわけではありません。

サンプルアプリケーション

サンプルアプリケーション（SurveyBuilder）は本書の全体を通じて繰り返し参照されます。ソースコードはGitHubのリポジトリから取得できます[1]。

    https://github.com/backstopmedia/bleeding-edge-sample-app

意見と質問

本書（日本語翻訳版）の内容については、最大限の努力をもって検証、確認していますが、誤りや不正確な点、誤解や混乱を招くような表現、単純な誤植などに気がつかれることもあるかもしれません。そうした場合、今後の版で改善できるようお知らせいただければ幸いです。将来の改訂に関する提案なども歓迎いたします。連絡先は次のとおりです。

    株式会社オライリー・ジャパン
    電子メール　japan@oreilly.co.jp

本書のWebページには次のアドレスでアクセスできます。

    http://www.oreilly.co.jp/books/9784873117195
    http://bleedingedgepress.com/developing-react-js-edge/（英語）

オライリーに関するその他の情報については、次のオライリーのWebサイトを参照してください。

    http://www.oreilly.co.jp/
    http://www.oreilly.com/（英語）

---

[1] 訳注：日本語版のソースコードはオライリー・ジャパンのサイト（http://www.oreilly.co.jp/books/9784873117195）から入出可能です。開発環境の構築については巻末の付録Aを参照してください。

表記上のルール

本書では、次に示す表記上のルールに従います。

太字 (Bold)
: 新しい用語、強調やキーワードフレーズを表します。

等幅 (`Constant Width`)
: プログラムのコード、コマンド、配列、要素、文、オプション、スイッチ、変数、属性、キー、関数、型、クラス、ネームスペース、メソッド、モジュール、プロパティ、パラメーター、値、オブジェクト、イベント、イベントハンドラ、XMLタグ、HTMLタグ、マクロ、ファイルの内容、コマンドからの出力を表します。その断片（変数、関数、キーワードなど）を本文中から参照する場合にも使われます。

等幅太字 (`Constant Width Bold`)
: ユーザーが入力するコマンドやテキストを表します。コードを強調する場合にも使われます。

等幅イタリック (`Constant Width Italic`)
: ユーザーの環境などに応じて置き換えなければならない文字列を表します。

ヒントや示唆、興味深い事柄に関する補足を表します。

ライブラリのバグやしばしば発生する問題などのような、注意あるいは警告を表します。

目次

まえがき ·· v

第I部　基礎　　　　　　　　　　　　　　　　　　　　　　　　　　　　1

1章　イントロダクション　　　　　　　　　　　　　　　　　　　　　3
1.1　背景 ·· 3
1.2　本書の構成 ·· 5
　　1.2.1　第I部 基礎 ·· 5
　　1.2.2　第II部 応用 ·· 6
　　1.2.3　第III部 ツール ·· 7
　　1.2.4　第IV部 実践 ·· 8

2章　JSX　　　　　　　　　　　　　　　　　　　　　　　　　　　　　9
2.1　JSXとは？ ·· 10
2.2　JSXの利点 ··· 10
　　2.2.1　すでによく知られた構文 ·· 11
　　2.2.2　意味的なわかりやすさ ·· 11
　　2.2.3　構造が可視化される ·· 11
　　2.2.4　抽象化 ·· 12
　　2.2.5　関心の分離（Separation of concerns）····································· 13
2.3　コンポーネント合成 ··· 13
　　2.3.1　カスタムコンポーネントの定義 ·· 13
　　2.3.2　動的な値 ·· 14

		2.3.3	子ノード 15
2.4	JSXとHTMLの違い 16
	2.4.1	属性 16
	2.4.2	条件分岐 16
	2.4.3	DOMに存在しない属性 18
	2.4.4	イベント 20
	2.4.5	コメント 20
	2.4.6	特別な属性 21
	2.4.7	スタイル 22
2.5	JSXなしでReactを使用したい場合 22
	2.5.1	ReactElementの作成 22
	2.5.2	簡略化 23
2.6	参考文献 24
	2.6.1	JSX実行ツール 24

3章　コンポーネントのライフサイクル　　25

3.1	ライフサイクルメソッド 25
	3.1.1	コンポーネント作成時 25
	3.1.2	コンポーネント作成後 26
	3.1.3	コンポーネント破棄時 26
3.2	コンポーネント作成時に呼ばれるメソッド 26
	3.2.1	getDefaultProps 26
	3.2.2	getInitialState 27
	3.2.3	componentWillMount 27
	3.2.4	render 27
	3.2.5	componentDidMount 27
3.3	コンポーネント作成後に呼ばれるメソッド 28
	3.3.1	componentWillReceiveProps 28
	3.3.2	shouldComponentUpdate 29
	3.3.3	componentWillUpdate 30
	3.3.4	componentDidUpdate 30
3.4	コンポーネント破棄時に呼ばれるメソッド 30
	3.4.1	componentWillUnmount 30
3.5	アンチパターン：加工された値をstateに保存する 30
3.6	まとめ 32

4章　データフロー　33

- 4.1 props　33
  - 4.1.1 propTypes　35
  - 4.1.2 getDefaultProps　35
- 4.2 state　36
- 4.3 stateとpropsの使い分け　37
- 4.4 まとめ　37

5章　イベント処理　39

- 5.1 イベントハンドラの登録　39
- 5.2 イベントとstate　40
  - 5.2.1 renderメソッド内でstateを参照する　42
  - 5.2.2 stateの更新　43
- 5.3 イベントオブジェクト　45
- 5.4 まとめ　46

6章　コンポーネントの合成　47

- 6.1 HTMLの拡張　47
- 6.2 合成の例　48
  - 6.2.1 HTMLの組み立て　49
  - 6.2.2 動的なプロパティの追加　49
  - 6.2.3 stateの監視　50
  - 6.2.4 親コンポーネントへの統合　51
- 6.3 親子間の関係　53
- 6.4 まとめ　54

7章　Mixin　57

- 7.1 Mixinとは　57
- 7.2 まとめ　60

第II部　応用　61

8章　DOM操作　63

- 8.1 DOMノードへのアクセス　63

8.2　Reactフレンドリーでないライブラリの使用 ························· 65
8.3　行儀の悪いライブラリ ··· 67
8.4　まとめ ··· 69

9章　フォーム ··· 71

9.1　管理されていないコンポーネント ··································· 72
9.2　管理されたコンポーネント ··· 73
9.3　フォームのイベント ··· 75
9.4　ラベル ··· 75
9.5　textareaとselect ··· 76
9.6　チェックボックスとラジオボタン ··································· 78
9.7　フォーム要素のname属性 ··· 79
9.8　複数のフォーム要素とchangeイベントハンドラ ······················· 80
9.9　カスタムフォームコンポーネント ··································· 84
9.10　フォーカス ·· 87
9.11　ユーザビリティ ·· 88
　　9.11.1　要求を明確に伝える ······································ 88
　　9.11.2　入力に即座に反応する ···································· 88
　　9.11.3　パフォーマンス ·· 89
　　9.11.4　予測可能であること ······································ 89
　　9.11.5　アクセシビリティ ·· 90
　　9.11.6　入力項目数の削減 ·· 90
9.12　まとめ ·· 91

10章　アニメーション ··· 93

10.1　CSSを用いたアニメーション ······································ 93
　　10.1.1　トランジションのクラスごとにスタイルを記述する ··········· 94
　　10.1.2　トランジションのライフサイクル ··························· 95
　　10.1.3　よくある過ち ·· 96
10.2　タイマーを用いたアニメーション ································· 96
　　10.2.1　requestAnimationFrameを使ったアニメーション ············· 96
　　10.2.2　setTimeoutを使ったアニメーション ························ 98
10.3　まとめ ·· 98

11章　パフォーマンスチューニング ······································ 101

11.1　shouldComponentUpdate ·· 101

11.2 イミュータビリティヘルパー関数 103
11.3 ボトルネックを調べる方法 104
11.4 key属性 105
    11.4.1 制限事項 106
11.5 まとめ 107

12章 サーバーサイドレンダリング 109

12.1 サーバーサイドにおける描画関数 110
    12.1.1 React.renderToString 110
    12.1.2 React.renderToStaticMarkup 110
    12.1.3 どちらの関数を使うべきか 111
12.2 サーバーサイドにおけるコンポーネントのライフサイクル 111
12.3 クライアントとサーバーの両方で使えるコンポーネントの設計 112
12.4 非同期データ 114
12.5 Isomorphicルーティング 116
12.6 シングルトンオブジェクト 116
12.7 まとめ 117

13章 Reactファミリー 119

13.1 Jest 119
    13.1.1 インストール 120
    13.1.2 デフォルトのモック 121
    13.1.3 カスタムモック 122
13.2 Immutable.js 124
    13.2.1 Immutable.Map 124
    13.2.2 Immutable.List 125
13.3 Flux 125
13.4 まとめ 126

第III部 ツール 127

14章 ビルドとデバッグ 129

14.1 ビルドツール 129
    14.1.1 Browserify 129
    14.1.2 Webpack 133

14.2 デバッグツール ･･･ 136
　　14.2.1 React Developer Tools ･･･ 136
　　14.2.2 JSBin と JSFiddle ･･･ 138
14.3 まとめ ･･･ 138

15章　テスト　139

15.1 はじめに ･･･ 139
　　15.1.1 テストの種類 ･･ 140
　　15.1.2 テストツール ･･ 140
15.2 初めてのテスト：render メソッド ･･ 141
15.3 コンポーネントのモック ･･ 146
15.4 関数のスタブ化 ･･ 152
　　15.4.1 コールバック関数のテスト ･･･ 155
15.5 イベントのシミュレーション ･･･ 159
15.6 テストにおけるコンポーネントのセレクタ API ････････････････････････････ 162
15.7 Mixin のテスト ･･･ 165
　　15.7.1 Mixin を直接テストする ･･･ 165
　　15.7.2 ダミーコンポーネント経由で Mixin をテストする ･････････････････････ 169
　　15.7.3 共有スペックを記述する ･･･ 171
15.8 <body>に対する描画 ･･･ 176
15.9 サーバーサイドのテスト ･･ 179
15.10 ブラウザを使ったテストの自動化 ･･･････････････････････････････････････ 185
　　15.10.1 サーバーの起動 ･･ 190
15.11 まとめ ･･ 191

第IV部　実践　193

16章　アーキテクチャパターン　195

16.1 ルーティングライブラリ ･･･ 196
　　16.1.1 Backbone.Router ･･･ 196
　　16.1.2 Aviator ･･ 197
　　16.1.3 react-router ･･ 198
16.2 Om（ClojureScript）･･･ 200
16.3 Flux ･･･ 200
　　16.3.1 データフロー ･･ 201

　　　　16.3.2　Fluxを構成するパーツ……………………………………………201
　　　　16.3.3　複数のStoreを管理する…………………………………………206
　16.4　まとめ……………………………………………………………………………208

17章　その他のユースケース　　209

　17.1　デスクトップアプリケーション…………………………………………………209
　17.2　ゲーム……………………………………………………………………………211
　17.3　HTMLメール……………………………………………………………………215
　17.4　データビジュアライゼーション…………………………………………………220
　17.5　まとめ……………………………………………………………………………222

付録A　開発環境の構築について　　223

　A.1　Reactの配布形態…………………………………………………………………223
　A.2　開発環境の構築……………………………………………………………………224
　　　　A.2.1　ファイル構成…………………………………………………………224
　　　　A.2.2　Reactファイルの取得…………………………………………………225
　　　　A.2.3　JSXTransformerを使用してリアルタイムにJSX変換する…………226
　　　　A.2.4　react-toolsを使用して事前にJSX変換する………………………227
　A.3　本書のサンプルアプリケーション…………………………………………………228
　　　　A.3.1　ソースコードのダウンロード…………………………………………228
　　　　A.3.2　サンプルアプリケーションの実行………………………………………228

付録B　APIリファレンス　　231

　B.1　用語の整理…………………………………………………………………………231
　B.2　トップレベルAPI…………………………………………………………………232
　　　　B.2.1　React……………………………………………………………………232
　　　　B.2.2　React.createClass……………………………………………………233
　　　　B.2.3　React.createElement…………………………………………………233
　　　　B.2.4　React.createFactory…………………………………………………234
　　　　B.2.5　React.render…………………………………………………………235
　　　　B.2.6　React.unmountComponentAtNode……………………………………236
　　　　B.2.7　React.renderToString…………………………………………………236
　　　　B.2.8　React.renderToStaticMarkup…………………………………………237
　　　　B.2.9　React.isValidElement…………………………………………………237
　　　　B.2.10　React.findDOMNode……………………………………………………237
　　　　B.2.11　React.cloneElement……………………………………………………238

- B.2.12 React.DOM ·· 238
- B.2.13 React.PropTypes ·· 239
- B.2.14 React.initializeTouchEvents ·· 239
- B.2.15 React.Children ·· 239
- B.2.16 React.Children.map ·· 239
- B.2.17 React.Children.forEach ·· 240
- B.2.18 React.Children.count ·· 240
- B.2.19 React.Children.only ·· 241

B.3 コンポーネントAPI ·· 241
- B.3.1 setState ··· 241
- B.3.2 replaceState ··· 242
- B.3.3 forceUpdate ··· 242
- B.3.4 getDOMNode ·· 243
- B.3.5 isMounted ·· 244
- B.3.6 setProps ··· 244
- B.3.7 replaceProps ·· 245

B.4 コンポーネント仕様 ·· 245
- B.4.1 オブジェクト ·· 245
  - B.4.1.1 propTypes ·· 245
  - B.4.1.2 mixins ·· 247
  - B.4.1.3 statics ·· 247
  - B.4.1.4 displayName ··· 248
- B.4.2 ライフサイクルメソッド ·· 248
  - B.4.2.1 render ·· 248
  - B.4.2.2 getInitialState ··· 249
  - B.4.2.3 getDefaultProps ·· 250
  - B.4.2.4 componentWillMount ·· 250
  - B.4.2.5 componentDidMount ·· 251
  - B.4.2.6 componentWillReceiveProps ··· 251
  - B.4.2.7 shouldComponentUpdate ·· 252
  - B.4.2.8 componentWillUpdate ··· 252
  - B.4.2.9 componentDidUpdate ·· 253
  - B.4.2.10 componentWillUnmount ·· 253

索引 ·· 254

コラム目次

ReactにおけるHTMLの検査 ……………………………………………………… 145
スタブ関数のその他の例 …………………………………………………………… 155
done()呼び出しに注意 ……………………………………………………………… 183
E2Eテストの基礎 …………………………………………………………………… 185

第Ⅰ部
基礎

1章
イントロダクション

1.1 背景

　初期のWebアプリケーションは、サーバーにリクエストを送信して返却されたページを表示するだけだったので、開発者はブラウザでの出来事に気を配る必要がありませんでした。
　PHPはこのようなWebアプリケーションの開発に適しており、PHPを使えば動作を推測しやすい再利用可能なコンポーネントを簡単に作成することができました。その開発のシンプルさによりPHPはWebアプリケーションの開発言語として不動の地位を得ることができたのです。
　しかしながら、この方式ではユーザーが何かをするたびにサーバーへのリクエストが発生し、応答を待つ必要があるため、凝ったユーザー体験を実現するのは非常に困難でした。ページがリロードされるたびにユーザーの状態は破棄されてしまうからです。
　そこで、ブラウザ上でより良いユーザー体験を実現するために、たくさんのJavaScriptライブラリが登場しました。それらのライブラリは、HTMLのテンプレートエンジンからアプリケーションの実行環境まで、さまざまな方法でDOMをコントロールするための手段を提供しました。ところが、より大規模なアプリケーションでこれらのライブラリが使用されるようになると、ある問題が生じました。複雑なアプリケーションでは、あるイベントが他のイベントを引き起こし、最終的な動作結果がどのようになるか、もはや開発者が予測できなくなってしまったのです。古き良きPHPのアプリケーションと比較して、これらの「モダンな」Webアプリケーションは非常に扱いづらいものであることに、開発者は気づき始めたのです。
　一方で、ReactはXHPというPHPのフレームワークのJavaScriptへの移植としてFacebookにより開発が始められました。XHPはサーバーサイドのPHPのフレームワークであるため、リクエストがあるたびにページ全体をレンダリングします。つまり、Reactには生まれつき、この「毎回ページ全体を書き換える」というPHPのスタイルが備わっていたのです。
　Reactは本質的に**状態機械** (state machine) であり、絶えず変化する複雑な状態をうまく扱うことにおいて、開発者を支援します。Reactはこの目的を達成するために、自身の責任を非常に狭い範囲に限定しています。Reactは以下の2点に対してのみ責任を果たします。

1. DOMの更新
2. イベントへの反応

ReactはAJAXやルーティング、永続データなどのアプリケーションでのデータの扱いについて、いっさい関知しません。ReactはMVC（Model-View-Controller）フレームワークではなく、強いて言えばMVCのV（View）の部分のみを受け持ちます。この狭い守備範囲により、Reactは他の種々のシステムとうまく協調することができるのです。実際に他の多くのMVCフレームワークのViewの部分のみをReactと置き換えることで併用が可能です。

一般的にDOMへのアクセスは低速なため、JavaScriptで状態が変わるたびに毎回ページ全体を書き換えると、遅すぎて使い物になりません。そこで、Reactは「仮想DOM」という非常に強力なレンダリングシステムを導入します。これにより、ReactはDOMへのアクセスを極力減らすことができます。

高性能な3Dゲームエンジンの多くがそうであるように、Reactはrender関数を中心に作られています。render関数はアプリケーションの現在の状態のスナップショットをもとに仮想的なページを構築します。Reactは状態が変更されるたびに、render関数を呼び出して仮想的なページを新たに構築します。そして最終的にその変更はDOMの変更へと変換されます。

一見するとこれは、必要なDOM要素だけを必要なときに更新するという通常のJavaScriptでとられる方式よりも遅いように思われます。けれども実際はReactはまったく同じことを裏で行っているのです。つまり、Reactは非常に優れたアルゴリズムにより、前回のrender呼び出しと今回とのページ内容の差分を計算します。その結果、必要最低限なDOMの更新のみを行うのです。

これにより、しばしば遅延の元凶となるリフロー[*1]および不要なDOMの更新は最小限に抑えられるため、この方式はパフォーマンスの観点で優れています。

アプリケーションが大規模になるにつれ、ユーザーの操作により状態が更新され、その更新がまた他の部分の更新を引き起こし、といった形で芋づる式に状態が更新されるケースが見られるようになります。そのようなまとまりのない更新の連鎖は、パフォーマンスの劣化を招く可能性があります。最悪の場合は、同一のDOM要素が一連の状態更新の中で何度も再描画されるような事態が発生します。

Reactの仮想DOMの差分計算の仕組みにより、このような描画の問題が解決されるだけでなく、よりシンプルな構造のアプリケーションが可能となります。ユーザーの操作によりアプリケーションの状態が変化した場合、単純にReactにその変更を伝えるだけで、後は自動的に必要な部分のみが再描画されます。Reactを使えば、描画の手順を細かく管理する必要がなくなります。

また、Reactは単一のイベントハンドラによりアプリケーション内で発生するすべてのイベントを監視します。これはたくさんのイベントハンドラを登録するのに比べ、良いパフォーマンスが得られます。

[*1] 訳注：リフローとは要素の大きさの再計算とレイアウト処理のこと。

本書で使用するサンプルアプリケーション（SurveyBuilder）のすべてのソースコードはGitHubのリポジトリから入手可能です[*1]。
https://github.com/backstopmedia/bleeding-edge-sample-app

1.2 本書の構成

本書ではReactについて4つの大きな区分に分けて学びます。

1.2.1 第I部 基礎

最初の7つの章ではReactコンポーネントの作成と合成を学びます。これらの章によりReactの基本的な使い方を理解します。

1章 イントロダクション
この章ではReactとその背景、そして本書の全体の構成を説明します。

2章 JSX
JSX（JavaScript XML）はJavaScriptのコードの中でXML風の宣言的な記述を行うための仕様です。この章ではJSXを使ってReactのコンポーネントを記述する方法を学びます。Reactを使うにあたってJSXは必須ではありませんが、本書の大半のコード例とサンプルアプリケーションではJSXを使用しています。JSXの使用はReactの開発において推奨されています。

3章 コンポーネントのライフサイクル
Reactは描画の過程において何度もコンポーネントを作成／破棄します。これらのコンポーネントのライフサイクルのあらゆる段階において、アプリケーションの処理を登録するためのライフサイクルメソッドが用意されています。コンポーネントのライフサイクルを正しく理解することは、アプリケーションのメモリリークの防止につながります。

4章 データフロー
コンポーネントのツリー内をデータが伝播する仕組みや、データ更新の可否について知ることは重要です。Reactはpropsとstateという2種類の明確に区別されたデータを扱います。この章ではpropsとstateの定義およびReactコンポーネントにおいてそれらを正しく使い分ける方法について学びます。

[*1] 訳注：日本語版のソースコードはオライリー・ジャパンのサイト（http://www.oreilly.co.jp/books/9784873117195）から入出可能です。開発環境の構築については巻末の付録Aを参照してください。

5章 イベント処理

Reactにおけるイベント処理は宣言的です。動的なUIを構築するにあたって、イベント処理の手法は必須の知識です。幸いなことにReactでは非常に簡単にイベント処理を行えます。

6章 コンポーネントの合成

Reactにおいて、コンポーネントはできるだけコンパクトで、ひとつの仕事のみをうまく処理することが求められます。そこで、そうして作られた複数のコンポーネントを協調して動作させるためのオーケストレーションレイヤーがアプリケーションに必要となります。この章では作成したコンポーネントを他のコンポーネントと協調して動作させる方法を学びます。

7章 Mixin

Mixinは複数のReactコンポーネントから利用される共通の機能を提供するための仕組みです。Mixinの使用により、コンポーネントをより小さくて管理しやすいパーツへと分割することが可能になります。

1.2.2 第Ⅱ部 応用

Reactの基礎を習得したら、次は応用テクニックを学びます。以降の6つの章により読者のスキルはさらに洗練され、より高機能なコンポーネントが作成できるようになります。

8章 DOM 操作

Reactの仮想DOMは非常に強力ですが、それでもまだ直接DOMノードにアクセスしなければいけない場面があります。それは既存のJavaScriptライブラリを使用したいときや、より細かくコンポーネントを管理したい場合などが考えられます。この章ではReactコンポーネントのライフサイクルのどの時点で安全にDOMにアクセスできるか、また、どの時点でDOMへの参照を解放すればメモリリークを防げるかについて説明します。

9章 フォーム

HTMLのフォーム要素はユーザーからの入力を受け取る最も良い方法です。しかしながら、フォーム要素はそれ自体が状態を持つため取り扱いに注意が必要です。Reactはフォームの持つ状態をReactコンポーネントで管理するための手段を提供します。それにより、フォーム要素を完全にコントロールできるようになります。

10章 アニメーション

CSSアニメーションは宣言的な記述で優れたパフォーマンスのアニメーションを実現できます。ReactではこのCSSアニメーションの使用が奨励されています。この章ではReactコンポーネントでCSSアニメーションを使用する方法について説明します。

11章 パフォーマンスチューニング

仮想DOMのおかげで、Reactはそのまま使用しても十分に良いパフォーマンスが得られます。しかし、パフォーマンスの改善に終わりはありません。Reactは不要なrender呼び出しを避けるためにアプリケーションに事前に問い合わせる機構を持っています。それによりアプリケーションの動作速度をさらに改善することができます。

12章 サーバーサイドレンダリング

SEO（Search Engine Optimization）は多くのアプリケーションにとって重要な要素です。幸いなことに、ReactはNode.jsのような非ブラウザ環境においてHTML文字列としてレンダリングすることが可能です。このようなサーバーサイドレンダリングはSEOだけでなく、アプリケーションの初回ページ表示の応答時間の改善にもつながります。しかしながら、サーバーサイドレンダリングとクライアント（ブラウザ）のレンダリングの両方をサポートするアプリケーションを作成することは簡単ではありません。この章では、そのようなIsomorphic（同型の）レンダリングを実現するための戦略およびサーバーサイドレンダリングにおいて直面するであろう問題点について説明します。

13章 Reactファミリー

FacebookはReact以外にも内製のプロダクトをオープンソースとして公開しています。これらのプロダクトの多くはReactと併用することで絶大な効果をもたらします。この章ではReactファミリーとして、Reactと親和性の高いプロダクトを紹介します。

1.2.3　第Ⅲ部 ツール

次に、Reactとともに使用して堅牢なアプリケーションを実装するための素晴らしいツールについて学びます。第Ⅲ部はふたつの章により構成されており、ビルドとデバッグのツール、そしてテストについて解説します。

14章 ビルドとデバッグ

アプリケーションの規模が大きくなると、コードを配布するためのパッケージング手順を自動化する必要性が出てきます。また、アプリケーションのデバッグ作業は規模とともにより困難になります。この章ではReactアプリケーションをパッケージングするために利用可能なビルドツールを紹介します。また、実行中のReactコンポーネントを可視化して結果的にデバッグを容易にしてくれるGoogle Chromeブラウザの拡張機能について紹介します。

15章 テスト

テストを書いて、既存のコードに加えた変更に問題がないことを常に確認しながら開発を進めることは、特にアプリケーションの規模が拡大する際に重要になります。また、

テストを書くことで、必然的にコードをモジュールに分割する必要があるので、自然にわかりやすいコードを書くようになります。この章ではReactコンポーネントをあらゆる面からテストする方法を説明します。

1.2.4 第Ⅳ部 実践

最後に、実際にReactを使ってアプリケーションを作成する際に重要になる概念と、Webアプリケーション以外のReactのユースケースについて触れます。

16章 アーキテクチャパターン

ReactはMVCのVの役割のみを提供するため、他のフレームワークやシステムと柔軟に組み合わせて使用できます。この章ではReactを使って大規模なアプリケーションを構築するためのテクニックを紹介します。

17章 その他の用途

ReactはWebに特化していますが、実はJavaScriptの使える環境であればどこででも動作します。この章では典型的なWebのユースケース以外のReactの適用事例を紹介します。

2章
JSX

　関心の分離（Separation of concerns）を実現するために、Reactではテンプレートと表示ロジックといった分離ではなく「コンポーネント」が用いられます。コンポーネントはマークアップとそれを生成するコードが強く結びついたもので、Reactの中心的な概念です。それにより開発者は、表現力の高いJavaScriptをマークアップ記述に使うことができ、従来の扱いにくいテンプレート言語に煩わされる必要はなくなります。

　ReactではJSXという、HTMLに非常によく似たマークアップ言語がオプションで使用できます。JSXは有用であるにもかかわらず、JavaScriptの中にマークアップが混在するという特異な外見のためからか、その有用性を理解されない場合があります。そこで、まずJSXの説明に入る前に、ReactでJSXを使用することの利点を以下に挙げます。

- HTMLと同様のやり方で要素のツリーをマークアップできる
- 意味のわかりやすいセマンティックな記述ができる
- アプリケーションの構造が可視化される
- Reactの内部表現（`ReactElement`）が抽象化される
- マークアップとそれを生成するコードが1箇所にまとまる
- 最終的にJavaScriptに変換される

　この章ではJSXの利点と使い方について見ていきます。読み進めるにつれ、HTMLとの違いがわかるはずです。JSXはあくまでもオプションですので、JSXを使わないと途中で決めた場合はいつでも、章末の「2.5 JSXなしでReactを使用したい場合」まで読み飛ばすことができます。

2.1 JSXとは？

JSXは「JavaScript XML」の略であり、Reactのコンポーネント内でマークアップ言語を記述するためのXML風のシンタックスです。JSXなしでもReactのコンポーネントを作成できますが、JSXを使うことで可読性が上がるので、できれば使用することをお勧めします。

例えば、JSXを使わずに関数呼び出しでヘッダー要素(<h1>)を作成するReactのコード[*1]は以下のようになります[*2]。

```
// ファクトリーを使用する場合
React.DOM.h1({className: 'question'}, '質問');

// ファクトリーを使用しない場合
React.createElement('h1', {className: 'question'}, '質問');
```

一方、JSXを使えば以下のように簡潔に記述することができます。

```
<h1 className="question">質問</h1>
```

このようにJavaScript内にマークアップ言語を組み込むという試みは過去にもありましたが、JSXとそれらはいくつかの点で異なります。

1. JSXはシンタックス拡張（つまり、JSXで記述したものは後でJavaScriptの関数呼び出しに変換される）
2. JSXはランタイムライブラリを必要としない
3. JSXはただの関数呼び出しである（既存のJavaScriptのセマンティックスに手を加えるものではない）

JSXとHTMLが似ていることにより、Reactは高い表現力を手に入れることができました。この章ではJSXがアプリケーションで果たす役割とその利点、およびJSXとHTMLの違いについて見ていきます。

2.2 JSXの利点

そもそもなぜJSXなのでしょう。多くの人はこう尋ねます。——テンプレート言語は他にもたくさん存在するし、そもそも素のJavaScriptを使えばよいのでは？ どうせ最終的にJSXはJavaScriptの関数呼び出しに変換されるのだから。

[*1] 訳注：React v0.12でReact.createElementが導入されて以来、事実上2通りの記述法が存在するので、以降は可能なかぎり両者を併記します。

[*2] 訳注：React.DOM.h1およびReact.createElementについては「2.5 JSXなしでReactを使用したい場合」を参照してください。

それでもJSXを使用する利点はたくさんあります。特にコードベースが大きくなりコンポーネントの複雑度が増すにつれ、それらの利点は顕著になります。ではそれら利点のうちのいくつかを見てみましょう。

2.2.1 すでによく知られた構文

多くの開発チームは開発者以外のUI/UXデザイナーやQAチームなどのメンバーを抱えていますが、彼らにとってJSXはよりなじみ深いものです。実際、XMLが読めるのであればJSXを理解するのは簡単です。

さらに、ReactのコンポーネントはすべてのDOMの参照を管理するため（これについては後述します）、それらのDOMの構造を簡潔に記述するためにJSXが大いに役立ちます。

2.2.2 意味的なわかりやすさ

よく知られた構文に加えて、JSXを使えばJavaScriptのコードをよりセマンティックで意味のあるマークアップ言語で記述することができます。コンポーネントの構造と情報のフローはHTML風なシンタックスで宣言的に記述され、後から素のJavaScriptに変換されます。

JSXでは既存のHTML5のタグ名がすべて使用できるのに加えて、アプリケーションで定義されたカスタムコンポーネントをタグ名として使用できます。カスタムコンポーネントを定義する方法は後述します。ここでは、JSXを使うことでより可読性の高いJavaScriptを記述できることをお見せします。

例として区切り線付きのヘッダーを表示するためのDividerというカスタム要素を想定します。この要素の出力内容は以下のようなHTMLになります。

```
<div className="divider">
  <h2>質問</h2><hr />
</div>
```

このHTMLをDividerというReactコンポーネントでラップすることにより、他のHTMLの要素と同様に扱えるため、以下のような、よりセマンティックな表現が可能になります。

```
<Divider>質問</Divider>
```

2.2.3 構造が可視化される

先ほどの小さなコード例でも、JSXを使って簡潔にコードを書けることがわかったと思いますが、さらに、何百ものコンポーネントと深い階層構造を持つ大規模アプリケーションにおいては、JSXを使うことで絶大な効果が得られます。

以下はDividerコンポーネントの定義です。JSXを使うことで関数の意図が明確になり、JavaScriptだけで書くよりも可読性が高くなります。

まず、素のJavaScriptで書くとこうなります[*1]。

```
// ファクトリーを使用する場合
render: function () {
  return React.DOM.div({className:"divider"},
    "ラベルの文字列",
    React.DOM.hr()
  );
}

// ファクトリーを使用しない場合
render: function () {
  return React.createElement('div', {className:"divider"},
    "ラベルの文字列",
    React.createElement('hr')
  );
}
```

一方、JSXで書くとこうなります。

```
render: function () {
  return <div className="divider">
    ラベルの文字列<hr />
  </div>;
}
```

JSXのマークアップのほうが理解しやすくデバッグも容易であることが理解できたと思います。

2.2.4 抽象化

　先ほどのコード例で、JavaScriptとJSXの記述を比較しましたが、JavaScriptの場合は従来のファクトリーを使用したコードとReact v0.12で導入されたReact.createElementを使用したコードの2種類が存在しました。一方、JSXの場合は同じコードでどちらの環境でも動作します。これは、JSXのトランスパイラ[*2]がマークアップからJavaScriptへの変換プロセスを抽象化してくれるからです。つまり、JSXを使用して開発しているかぎり、コードを変更することなく容易に0.11から0.12へのバージョンアップに対処できるのです。

　万能な解決策ではないとしても、JSXがもたらす抽象化により、プロジェクトの進展に伴うコードの変更を減らすことができます。

[*1] 訳注：renderメソッドについては「3章 コンポーネントのライフサイクル」を参照してください。
[*2] 訳注：トランスパイラとはある言語から別の言語へと変換するコンパイラ。

2.2.5 関心の分離（Separation of concerns）

最後に、マークアップとそれを生成するコードが同居するというReactの中心概念について説明します。Reactではアプリケーションをテンプレートと表示ロジックに分離するのではなく、コンポーネントの単位に分離します。コンポーネントはロジックとマークアップが1箇所に定義されたものです。

JSXを使用することにより、コンポーネント内のマークアップとビジネスロジックを分離することができます。JSXにより、コンポーネントの階層構造を簡潔に記述できるだけでなく、アプリケーションの振る舞いを容易に推測できるようになります。

2.3 コンポーネント合成

ここまでJSXを使用することによる利点と、コンポーネントを簡潔に記述するためにJSXがどのように使用されるか見てきました。次は、複数のコンポーネントを組み合わせる方法です。

この節では、以下について説明します。

- JSXを使ったコンポーネントの定義
- コンポーネント合成の詳細
- コンポーネントの所有者および親子関係について

それぞれを見ていきましょう。

2.3.1 カスタムコンポーネントの定義

ここで先述のDividerを再度見てみましょう。最終的なHTMLの出力は以下のようになります。

```
<div className="divider">
  <h2>質問</h2><hr />
</div>
```

このHTMLをReactコンポーネントとして表現するには、renderメソッドがマークアップを返すように、以下のように囲みます[*1]。

```
var Divider = React.createClass({
  render: function () {
    return (
      <div className="divider">
        <h2>質問</h2><hr />
      </div>
    );
```

[*1] 訳注：React.createClassについては巻末の付録Bを参照してください。

```
    }
  });
```

さて、コンポーネントが定義できましたが、これでは単一の用途にしか使えません。さまざまな用途で使用するには、h2タグのテキストノードを任意の文字列として表現できなければいけません。

2.3.2 動的な値

JSXでは波括弧{}の中に動的な値を指定することができます。波括弧で指定された値はJavaScriptの式として評価され、その結果はマークアップのノードとして表示されます。

文字列や数値のような単純な値の場合、変数により指定します。以下は動的な文字列を表示するh2タグの例です[*1]。

```
var text = '質問';
<h2>{text}</h2>

// 出力：<h2>質問</h2>
```

もしくは、複雑なロジックを関数に分離して、波括弧の中でその関数を呼び出すことで実行結果を表示することも可能です。

```
function dateToString(d) {
  return [
    d.getFullYear(),
    d.getMonth() + 1,
    d.getDate()
  ].join('-');
};

<h2>{dateToString(new Date())}</h2>

// 出力：<h2>2014-10-18</h2>
```

波括弧の中に配列を指定した場合、各アイテムはノードとして表示されます。

```
var text= ['hello', 'world'];
<h2>{text}</h2>

// 出力：<h2>helloworld</h2>
```

このようなシンプルな値だけでなく、例えば<li>要素を配列のデータとして表示したい場合もあります。次の節では子ノードを表示する方法について説明します。

[*1] 訳注：テキストとして波括弧を使用したい場合は<h2>{'{'}</h2>のように記述します。

2.3.3 子ノード

　HTMLでヘッダー要素を表示するには`<h2>質問</h2>`のように記述しますが、ここで「質問」という文字列はh2要素の子ノードです。では、先述のDividerを使ってJSXで以下のように記述することはできないでしょうか。

```
<Divider>質問</Divider>
```

　Reactは開始タグと終了タグの間のすべての子ノードを`this.props.children`という特別な配列に格納します。先の例であれば、`this.props.children == ["質問"]`となります。

　よって、先ほどのハードコードされた「質問」の文字列を`this.props.children`に置き換えることで、`<Divider>`タグの中に記述された任意の値を表示することができます。

```
var Divider = React.createClass({
  render: function () {
    return (
      <div className="divider">
        <h2>{this.props.children}</h2><hr />
      </div>
    );
  }
});
```

これで`<Divider>`コンポーネントは通常のHTMLの要素と同様に扱うことができます。

```
<Divider>質問</Divider>
```

上記のコンポーネントの定義はJSXのトランスパイラにより以下のJavaScriptに変換されます。

```
var Divider = React.createClass({displayName: 'Divider',
  render: function () {
    return (
      React.createElement("div", {className:"divider"},
        React.createElement("h2", null, this.props.children),
        React.createElement("hr", null )
      )
    );
  }
});
```

そして、最終的に以下のような出力が得られます。

```
<div className="divider">
  <h2>質問</h2><hr />
</div>
```

2.4 JSXとHTMLの違い

JSXはHTMLに似ていますがシンタックスは完全に同じではありません。

> 本仕様はいかなるXMLもしくはHTMLの仕様に準拠するものではない。JSXはECMAScriptの一機能として設計され、XMLとの類似は単に親しみやすさのためである。
> ── http://facebook.github.io/jsx/ より

ここではJSXとHTMLのシンタックスの主要な違いについて見ていきましょう。

2.4.1 属性

HTMLでは以下のようにして属性をインラインで記述できます。

```
<div id="some-id" class="some-class-name">...</div>
```

JSXも同様の手順で属性を記述できます。また、属性値をクォートでくくる代わりにJavaScriptの変数を波括弧でくくることにより、動的な属性値を記述することができます。

```
var surveyQuestionId = this.props.id;
var classes = 'some-class-name';
...
<div id={surveyQuestionId} className={classes}>...</div>
```

さらに複雑なケースでは、関数呼び出しの結果を属性値として指定することもできます。

```
<div id={this.getSurveyId()}>...</div>
```

このように記述することで、Reactがコンポーネントを描画するたびに、変数や関数呼び出しが評価され、その結果がDOMに反映されます。

2.4.2 条件分岐

Reactのコンポーネントは、マークアップとそれを生成するロジックが強く結びついたものです。それはつまり、JavaScriptが提供するループや条件分岐のような便利な機能を、コンポーネント内で簡単に利用できることを意味します。

ただ、マークアップに直接ifやelseのような条件文を埋め込むことはできません。例えば、以下のようなJSXは意図しない結果となります。

```
<div className={if (isComplete) {'is-complete'}}>...</div>
```

そこで、いくつかの解決策が考えられます。

- 三項演算子を使う
- 変数に値を代入して属性値として参照する
- 条件文を別の関数として切り出す
- 論理演算子&&を使う

以下に、各解決策の簡単な例を挙げます。

2.4.2.1　三項演算子を使った例

```
...
render: function () {
  return <div className={
    this.state.isComplete ? 'is-complete' : ''
  }>...</div>;
}
...
```

三項演算子は文字列を返す程度ならまだよいのですが、Reactコンポーネントを返すとなると途端にコードが読みにくくなってしまいます。そのような場合は次に挙げるいずれかの方法を使ったほうが賢明でしょう。

2.4.2.2　変数を使った例

```
...
getIsComplete: function () {
  return this.state.isComplete ? 'is-complete' : '';
},
render: function () {
  var isComplete = this.getIsComplete();
  return <div className={isComplete}>...</div>;
}
...
```

2.4.2.3　関数呼び出しを使った例

```
...
getIsComplete: function () {
  return this.state.isComplete ? 'is-complete' : '';
},
render: function () {
  return <div className={this.getIsComplete()}>...</div>;
}
...
```

2.4.2.4　論理演算子「&&」を使った例

以下のように真偽値を返す式の直後に&&を挟んで出力したい文字列を指定した場合、もし式の値がfalseと評価されたなら、Reactは何も出力しません。式の値がtrueと評価された場合にかぎり文字列が出力されます。

```
render: function () {
  return <div className={this.state.isComplete && 'is-complete'}>
    ...
  </div>;
}
```

2.4.3　DOMに存在しない属性

JSXには特別な属性がいくつか存在します。

- key
- ref
- dangerouslySetInnerHTML

それでは、順を追って見ていきましょう。

2.4.3.1　キー

キー（key）属性はオプションで、ユニークなidを指定します。コンポーネントは実行時にツリー内を移動する場合があります。例えば他の要素が追加もしくは削除された影響で、あるコンポーネントのツリー内での位置が変更された場合、そのコンポーネントは内容が変わっていないにもかかわらず削除／再作成されます。

不変なコンポーネントに対してユニークなkeyを設定することで、Reactはコンポーネントの再利用および破棄のタイミングをより賢いやり方で決めることができるため、ひいては描画のパフォーマンスの改善につながります。例えばDOMに存在するふたつの要素の位置が入れ替わった場合、Reactはkeyの情報により、DOMを完全に再描画せずに、入れ替わった要素を移動するだけで済ませることができます[*1]。

2.4.3.2　参照

参照（ref）属性はrender関数の外で親コンポーネントが子コンポーネントの参照にアクセスするために使用されます。

[*1] 訳注：key属性については11章で詳しく説明します。

以下のように参照したい要素のref属性に名前（ここでは"myInput"）を設定します。

```
...
render: function () {
  return <div>
    <input ref="myInput" ... />
  </div>;
}
...
```

それにより、refを設定した要素にthis.refs.myInputのようにしてアクセスできます。ref経由でアクセスできるオブジェクトは「バッキングインスタンス」と呼ばれます。これは実際のDOMではなく、コンポーネントの情報が記述されたもので、Reactは必要であればこの記述から実際のDOMを作成します。実際のDOMにはReact.findDOMNode(this.refs.myInput)のようにアクセスします。

コンポーネントの親子関係と所有者については6章で説明します。詳しくは6章を参照してください。

2.4.3.3　HTML文字列

時にはHTMLのコンテンツを文字列として指定したい場合があります。特にサードパーティのライブラリがinnerHTML経由でDOMを操作することを前提にしているような場合です。Reactは相互運用性のために、dangerouslySetInnerHTMLという名前の属性経由でHTMLを文字列として指定できるようになっています[1]。しかしながら、もし避けられるのであればなるべくこの属性を使用しないようにしましょう。使用するのであれば、以下のように__htmlというキーを持つオブジェクトを定義して属性値として指定します。

```
...
render: function () {
  var htmlString = {
    __html: "<span>HTML文字列</span>"
  };
  return <div dangerouslySetInnerHTML={htmlString} ></div>;
}
...
```

---

[1] 訳注：innerHTMLの使用は脆弱性の要因になるため、注意を喚起するためにわざとこのような目立つ属性名が使われています。

2.4.4 イベント

イベント名はすべてのブラウザで統一され、キャメルケース（複合語をひと綴りとして、先頭以外の要素語の最初の文字を大文字で書き表す記法）になっています。例えば、changeイベントはonChange、clickイベントはonClickです。JSXでイベントを処理するには、以下のようにコンポーネントのメソッドをハンドラとして指定します。

```
...
handleClick: function (event) {...},
render:function () {
  return <div onClick={this.handleClick}>...</div>
}
...
```

ここで注意してほしいのですが、Reactは自動的にコンポーネントのメソッドをコンポーネント自身にバインドしてくれます。よって以下のようにコンテキストを明示的に指定する必要はありません。

```
...
handleClick: function (event) {...},
render: function () {
  // 間違ったコード：
  // 関数のコンテキストをコンポーネントのインスタンスに明示的にバインドしていますが、
  // Reactではこれは不要です。
  return <div onClick={this.handleClick.bind(this)}>...</div>
}
...
```

5章ではReactのイベントシステムについてさらに詳しく説明します。

2.4.5 コメント

JSXはあくまでもJavaScriptの拡張なので、JavaScriptのコメントをJSX内に記述することができます。コメントを記述できる場所は以下の2箇所です。

1. 要素の子ノードとしてコメントを記述する
2. ノードの属性としてインラインで記述する

2.4.5.1 子ノードとしてのコメント

コメントを要素の子ノードとして記述する場合は波括弧でくくります。以下のように複数行に渡るコメントを記述することも可能です。

```
<div>
  {/* ここに input 要素の説明を
```

```
      書きます。  */}
  <input name="email" placeholder="メールアドレス" />
</div>
```

2.4.5.2　インライン属性コメント

インラインのコメントは以下の2形態のどちらかになります。以下は複数行コメントの例です。

```
<div>
  <input
    /*
     input 要素の説明
     */
    name="email"
    placeholder="メールアドレス" />
</div>
```

以下は1行コメントの例です。

```
<div>
  <input
    name="email"// name 属性の説明
    placeholder="メールアドレス" />
</div>
```

2.4.6　特別な属性

　JSXはJavaScriptの関数呼び出しに変換されるため、使用できないキーワードがいくつかあります。それらはclassとforです。
　labelの属性でフォームの要素を指定するにはforの代わりにhtmlForを使います。

```
<label htmlFor="for-text" ... >
```

　クラス名を指定する場合はclassではなくclassNameを使うようにしてください。HTMLの記述に慣れた方は違和感を覚えるかもしれませんが、JavaScriptではもともと要素のクラス名にアクセスするのにelem.classNameとしなければいけないので、classNameのほうがより一貫性があると言えます。

```
<div className={classes} ... >
```

2.4.7 スタイル

最後はインラインのスタイル（style）属性です。ReactではJavaScriptでDOMのスタイルにアクセスするのと同様に、すべてのスタイルの名前をキャメルケースで参照します。

スタイルを定義したい場合は、以下のようにキャメルケースのプロパティ名とCSSの値を格納したオブジェクトを属性値として渡します[*1]。

```
var styles= {
  borderColor: "#999",
  borderThickness: "1px"
};
React.render(<div style={styles}>...</div>, node);
```

2.5 JSXなしでReactを使用したい場合

JSXのマークアップは最終的に素のJavaScriptに変換されるので、JSXをまったく使用せずに最初からJavaScriptを書くことでReactを使用することも可能です。しかしながら、JSXは下位レイヤーの複雑な処理を隠蔽してくれているので、それを使用しない場合、内部の詳細を知る必要があります。以下はReactElementを作成するための手順です。

1. コンポーネントクラスを定義する
2. コンポーネントクラスのインスタンスを作成するためのファクトリー関数を作成する
3. ファクトリー関数を使用してReactElementのインスタンスを作成する

2.5.1 ReactElementの作成

HTMLのすべての要素に対してReact.DOM.*のネームスペースがあらかじめ定義されています。これらのファクトリー関数はReact.createElementの短縮形です。つまり、以下のふたつの文は同じ意味です。

```
React.createElement('div');
React.DOM.div();
```

HTMLの要素ではないカスタムコンポーネントについては、自分でファクトリー関数を作る必要があります。

この章の最初のほうで定義したDividerコンポーネントをもう一度見てみましょう。ここでは目的を明確にするために変数名をDividerClassに変えています。

[*1] 訳注：React.renderについては巻末の付録Bを参照してください。

2.5　JSXなしでReactを使用したい場合

```
var DividerClass = React.createClass({displayName: 'Divider',
  render: function () {
    return (
      React.createElement("div", {className:"divider"},
        React.createElement("h2", null, this.props.children),
        React.createElement("hr", null )
      )
    );
  }
});
```

作成したDividerClassをJSXなしで使用するには2通りのやり方があります。

1. React.createElementを直接呼ぶ
2. React.DOM.*と同様なファクトリー関数を作成する

以下のようにcreateElementを使用して要素を作成することができます。

```
var divider = React.createElement(DividerClass, null, '質問');
```

一方、ファクトリー関数経由で要素を作成することも可能です。ファクトリー関数はcreateFactoryを使用して作成します。

```
var Divider = React.createFactory(DividerClass);
```

作成したファクトリー関数を使用してReactElementを作成します。

```
var divider = Divider(null, '質問');
```

2.5.2　簡略化

React.DOM.*のネームスペースは便利ですが、繰り返しタイプするのは大変です。その場合は、例えばRのような短い名前の変数に参照を保存して使用することでいくらか楽になります。これにより、先ほどのコードはより短く書くことができます。

```
var R = React.DOM;

var DividerClass = React.createClass({displayName: 'Divider',
  render: function () {
    return R.div({className: "divider"},
      R.h2(null, "ラベルの文字列"),
      R.hr()
    );
  }
});
```

もしくはファクトリー関数をプロパティ経由でアクセスしたくない場合は、以下のように直接参
照すればよいでしょう。

```
var div = React.DOM.div;
var hr = React.DOM.hr;
var h2 = React.DOM.h2;

var DividerClass = React.createClass({displayName: 'Divider',
  render: function () {
    return div({className: "divider"},
      h2(null, "ラベルの文字列"),
      hr()
    );
  }
});
```

2.6 参考文献

　JavaScriptの中にマークアップが混在していることがどうも許容できないという方もいるかも
しれませんが、少なくとも、JSXがJavaScriptのコードとそれが表示する内容としてのマークア
ップを強く結びつけるための手段を提供することは理解できたでしょう。JSXは急速に人気を得たた
め、ついに独立した仕様として公開されるに至りました。また、JSXをよく理解できない人に向け
たツールもいくつか公開されています。

　Facebookは2014年の9月にJSXの正式な仕様書を公開しました。そこにはJSXの原理からシ
ンタックスの詳細まで記載されています。詳しくはhttp://facebook.github.io/jsx/を参照してくだ
さい。

2.6.1　JSX実行ツール

　ブラウザ上で実際にJSXのコードを書いて実行できるツールがあります。Reactのドキュメン
テーションの「Getting Started」のページにJSFiddleへのリンクがあり、そこでJSXありなし両
方の設定が試せます。

　　　http://facebook.github.io/react/docs/getting-started.html

　Reactにはさらに「JSXコンパイラサービス」というものがあり、ブラウザ上でJSXを
JavaScriptへ変換できます。

　　　http://facebook.github.io/react/jsx-compiler.html

3章
コンポーネントのライフサイクル

コンポーネントが作成されてから破棄されるまで、プロパティもしくは状態の変化に伴ってDOMの内容も変化します。1章で述べたように、コンポーネントは状態機械（state machine）であるため、受け取った入力に対して常に同じ出力結果を返します。

これらのコンポーネントの作成、実行、破棄といったライフサイクルにおけるイベントごとに、Reactは処理を登録する手段を提供します。この章ではそれらを発生順に説明します。

3.1 ライフサイクルメソッド

Reactコンポーネントは最低限必要なライフサイクルメソッドを提供します。それでは、メソッドが呼び出される順番に見ていきましょう。

3.1.1 コンポーネント作成時

コンポーネント作成時に呼び出されるメソッドは、初回にインスタンスが作成されるときとそれ以降とで若干異なります。初めてコンポーネントのクラスを使用してインスタンスを作成する場合、次のような順でメソッドが呼び出されます。

- `getDefaultProps`
- `getInitialState`
- `componentWillMount`
- `render`
- `componentDidMount`

それ以降コンポーネントのクラスを使用した場合、メソッド呼び出しは次のようになります。以下に示すように、`getDefaultProps`は2回目以降は呼ばれません。

- `getInitialState`

- componentWillMount
- render
- componentDidMount

3.1.2　コンポーネント作成後

　コンポーネントが作成された後は、アプリケーションの状態変化をコンポーネントに伝えるために、以下のような順でメソッドが呼び出されます。

- componentWillReceiveProps
- shouldComponentUpdate
- componentWillUpdate
- render
- componentDidUpdate

3.1.3　コンポーネント破棄時

　そして最後にコンポーネントが削除されるとき、componentWillUnmountが呼び出されます。ここで必要な後片づけを行います。

　これらの各メソッドを作成時、作成後、破棄時の順番で見ていきましょう。

3.2　コンポーネント作成時に呼ばれるメソッド

　コンポーネントのインスタンスが作成され、初回の描画が行われるまでの間、一連のメソッドが呼び出されます。それらのメソッドに処理を記述することで、コンポーネントを利用可能にするための設定を行うことができます。各メソッドは以下に示すように特別な役割を持っています。

3.2.1　getDefaultProps

　このメソッドはコンポーネントにつき1回しか呼び出されません。ここで返すオブジェクトは、インスタンス作成時に親コンポーネントが値を指定しなかった場合にデフォルト値として使用されます。

> ここで注意してほしいのは、オブジェクトや配列のような非スカラー値を返した場合、それはインスタンスごとに複製されず、すべてのインスタンスで共有されることです。

3.2.2 getInitialState

このメソッドはコンポーネントのインスタンス作成時に状態を初期化するために呼び出されます。getDefaultPropsと違い、このメソッドはインスタンス作成のたびに呼び出されます。このメソッドが呼び出される時点で、this.propsが利用可能になります[*1]。

3.2.3 componentWillMount

初回の描画が行われる直前に呼び出されます。renderメソッドが呼び出される前にコンポーネントの状態を変更したい場合、これが最後の機会となります。

3.2.4 render

このメソッドにより、コンポーネントの出力表現となる仮想DOMが作成されます。renderメソッドはReactのコンポーネントの中で唯一の省略できないライフサイクルメソッドです。renderメソッドの定義には以下のルールがあります。

- メソッド内でアクセスできるデータはthis.propsとthis.stateだけ[*2]
- 戻り値としてnull、false、もしくはReactコンポーネントを返す
- 単一のトップレベルのコンポーネントしか返すことができない(つまり、要素の配列を返すことはできない)
- 「ピュア」でなければいけない(つまり、renderメソッド内でコンポーネントのstateを変更したりDOMを直接更新したりしてはいけない)

renderが返すのは本物のDOMではなく仮想的な表現であり、Reactはその情報をもとに実際のDOMに対して変更が必要かどうか判断します。

3.2.5 componentDidMount

ひとたび初回の描画が成功して実際のDOMが表示されると、componentDidMountの中でReact.findDOMNode(this)経由で実際のDOMにアクセスすることができます。

このメソッドの主な目的は生のDOMノードにアクセスすることです。例えば表示された要素の高さを調べたり、タイマーを設定したりする場合、もしくはjQueryのプラグインを利用する場合にこのメソッドを使用します[*3]。

[*1] 訳注:propsについては4章で詳しく説明します。
[*2] 訳注:propsとstateについては4章で詳しく説明します。
[*3] 訳注:DOMのアクセスは8章で詳しく説明します。

以下のコードはReactで描画したinput要素とjQuery UIのオートコンプリート機能を併用する例です。

```
// オートコンプリートで使用される文字列のリスト
var datasource = [...];

var MyComponent = React.createClass({
  render: function () {
    return <input ... />;
  },
  componentDidMount: function () {
    $(React.findDOMNode(this)).autocomplete({
      sources: datasource
    });
  }
});
```

> componentDidMountはサーバーサイドレンダリング時は呼び出されません[*1]。

3.3 コンポーネント作成後に呼ばれるメソッド

　この時点ですでにコンポーネントは描画され、ユーザーはそれを操作することができます。クリックやタップやキーイベントなどの操作は通常、イベントハンドラにより処理されます。ユーザーがコンポーネントの状態を変更した場合、その変更はコンポーネントのツリーを上から下に流れるように伝わりますが、以下のメソッドを使えばそれらに反応する処理を定義することができます。

3.3.1 componentWillReceiveProps

　コンポーネントのプロパティ（props）は親コンポーネントにより任意のタイミングで変更されます。その場合、componentWillReceivePropsが呼ばれるので、そこで新しいpropsの値を参照して、それを基にコンポーネントの状態（state）を変更したり、その他の処理を行うことが可能です[*2]。

　例えば、本書のサンプルアプリケーション（SurveyBuilder）では、AnswerRadioInputという

[*1] 訳注：サーバーサイドレンダリングについては12章で詳しく説明します。
[*2] 訳注：propsとstateについては4章で詳しく説明します。

コンポーネントがラジオボタンを操作する機能を提供しています。そこでは、親コンポーネントがcheckedの真偽値を変更した場合、指定された値によって内部状態を以下のように変更しています。

```
// client/app/components/answers/answer_radio_input.js
componentWillReceiveProps: function (nextProps) {
  if (nextProps.checked !== undefined) {
    this.setState({
      checked: nextProps.checked
    });
  }
}
```

3.3.2 shouldComponentUpdate

Reactはそのままでも十分に速いのですが、shouldComponentUpdateを使って最適化することで、さらに速く動作するようになります。

propsやstateが変更されたにもかかわらず、それがコンポーネントもしくはその子ノードの表示に影響しないことがわかっている場合、このメソッドでfalseを返します。

> 初回の描画およびforceUpdate呼び出し直後は、shouldComponentUpdateメソッドは呼び出されません。

ここでfalseを返すことで、直後に来るはずのrenderおよびその前後のメソッドであるcomponentWillUpdateとcomponentDidUpdateをスキップするようにReactに対して伝えているのです。

開発時にこのメソッドを使用する必要はほとんどありません。早期にこのメソッドを使用することで、原因不明のバグを注入してしまう恐れがあるので、チューニングの段階でベンチマークを取り、どこがボトルネックになっているか把握してから最適化を行ってください。

もしコンポーネントの状態が不変であることが保証されており、かつrenderメソッドでpropsとstateを参照しているだけであれば、shouldComponentUpdateを上書きして、古い値と新しい値を比較する処理を書いてもかまいません。

その他のパフォーマンスチューニングのためのオプションとして、Reactのアドオン[*1]として提供されているPureRenderMixinを使うという手もあります。もしコンポーネントが「ピュア」つまり同一のpropsとstateに対して常に同じ内容のDOMを描画するのであれば、このMixin[*2]は

[*1] 訳注：アドオンについては巻末の付録Aを参照してください。
[*2] 訳注：Mixinについては7章で詳しく説明します。

自動的にshouldComponentUpdateを使用してpropsとstateの内容を比較し、一致していればfalseを返します。ここでオブジェクトのプロパティは再帰的に比較されません[*1]。

3.3.3　componentWillUpdate

このメソッドはcomponentWillMountと似ており、propsとstateの更新による描画が行われる直前に呼び出されます。

このメソッド内でstateやpropsを更新することはできない点に注意してください。実行時に状態を変更したいのであればcomponentWillReceivePropsを使ってください。

3.3.4　componentDidUpdate

このメソッドはcomponentDidMountと似ており、実際に表示されたDOMの参照へアクセスするために使用されます。

3.4　コンポーネント破棄時に呼ばれるメソッド

コンポーネントは必要なくなった時点でReactによりDOMから切り離され削除されます。このイベントに対して反応する手段が与えられており、必要な後片づけの処理などを記述することができます。

3.4.1　componentWillUnmount

コンポーネントは最終的にツリーから削除されます。このメソッドはコンポーネントが削除される直前に呼び出されるので、ここで後片づけの処理を行うことができます。componentDidMountの中でタイマーを作成したりイベントリスナーを追加したりした場合は、ここでそれらをリセットしなければいけません。

3.5　アンチパターン：加工された値をstateに保存する

getInitialStateにおいて、this.propsの値に基づいてstateの値を設定することが可能であるため、あるアンチパターンが生じます。Reactでは「単一の情報源」(a single source of truth)の原則を守ることが非常に大切です。このデザインにより、単一の情報を複製することが可能になり、それがReactの強みでもあります。

しかしながら、propsの値を加工してstateに保存することはアンチパターンとみなされています。例えばprops経由で渡された日付を文字列に変換してstateに格納する、あるいは、propsの文字列を大文字に変換してstateに格納する、といった例が考えられます。それらは描画時に

[*1]　訳注：パフォーマンスチューニングについては11章で詳しく説明します。

3.5 アンチパターン：加工された値をstateに保存する

行うべき加工であり、決してstateではありません。

以下のコードのように、stateの値がその元となるpropsの値と同期が取れているかどうか、もはやrenderメソッドの中で知ることができないような場合、それはアンチパターンと言えます。

```
// アンチパターン：加工された値を state に保存してはいけない
getDefaultProps: function () {
  return {
    date: new Date()
  };
},
getInitialState: function () {
  return {
    day: this.props.date.getDay()
  }
},
render: function () {
  return <div>Day: {this.state.day}</div>;
}
```

正しくは、以下のように描画時に加工します。それにより、加工された値は元となるpropの値と必ず同期が取れるようになります。

```
// 正しくは state 描画時に加工する
getDefaultProps: function () {
  return {
    date: new Date()
  };
},
render: function () {
  var day = this.props.date.getDay();
  return <div>Day: {day}</div>;
}
```

もし同期を取る必要がなくて、単にpropsの値をstateの初期値として使いたいのであれば、getInitialStateでpropsを返します。その際に目的を明確にするために、以下のようにpropsの名前にinitialというプリフィックスを付けるとよいでしょう。

```
getDefaultProps: function () {
  return {
    initialValue: 'some-default-value'
  };
},
getInitialState: function () {
  return {
    value: this.props.initialValue
  };
```

```
    },
    render: function () {
      return <div>{this.state.value}</div>
    }
```

3.6 まとめ

　Reactのライフサイクルメソッドは、アプリケーションがコンポーネントのイベントに効率良く反応できるように設計されています。各コンポーネントは状態機械として振る舞い、一貫して安定した予測可能なマークアップを出力します。

　コンポーネントは単体で存在することはできません。親コンポーネントから子コンポーネントへpropsを渡し、それらの子供がさらに自分たちの子供を描画する中で、アプリケーション全体のデータフローはどのようなものか、十分に注意を払う必要があります。子コンポーネントはどこまで情報を知る必要があるのか、また、アプリケーションの状態は誰が保持するのか。「4章　データフロー」では、これらの疑問に対して回答します。

4章
データフロー

Reactでは基本的にデータの流れは親から子への一方通行です。そうすることでコンポーネントの設計はとてもシンプルになり、動作が推測可能になります。コンポーネントの仕事は親から受け取ったプロパティを描画することです。ツリーの最上位のコンポーネントにおいてプロパティが変更された場合、Reactはその変更を下位のプロパティに伝えることでツリー全体に伝播させます。その結果、そのプロパティを参照するすべてのコンポーネントは再描画されます。

さらにコンポーネントは内部状態を持つことができます。内部状態とはコンポーネントの内部でのみ変更されうる値のことです。Reactコンポーネントは本質的にシンプルであり、プロパティ (props) と状態 (state) を入力として受け取り、仮想DOMを出力する一種の関数とみなすことができます。

この章では以下について説明します。

- propsとは何か
- stateとは何か
- propsとstateの違い

4.1 props

propsはプロパティのことで、コンポーネントに渡される任意のデータを表します。

以下のように、コンポーネントを作成するときに属性値として指定した値がコンポーネントのプロパティとなります。

```
var surveys = [{ title: 'Superheroes' }];
<ListSurveys surveys={surveys} />
```

もしくは (レアケースですが) 以下のように、コンポーネントのインスタンスメソッドsetProps

を使ってプロパティを指定することも可能です[*1]。

```
var surveys = [{ title: 'Superheroes' }];
var listSurveys = React.render(
  <ListSurveys />,
  document.querySelector('body')
);
listSurveys.setProps({ surveys: surveys });
```

　setPropsは必ず子コンポーネントに対して呼び出すか、もしくは上記の例のようにコンポーネントツリーの外側で呼び出します。決してthis.setPropsのように自分自身に対してsetPropsを呼び出したり、this.propsを直接変更したりしてはいけません。そのような場合は後述のstateを使います。

　コンポーネントの中でプロパティの値にアクセスするにはthis.propsを使います。これはあくまでも値を参照する手段であって、変更するためのものではありません。先ほども述べましたが、コンポーネントは自分自身のプロパティを変更すべきではありません。

　JSXでプロパティを指定する方法はふたつあります。以下のように属性値を文字列として指定するか、

```
<a href='/surveys/add'>サーベイを追加</a>
```

もしくは以下のように波括弧{}でくくって指定します。波括弧の中はJavaScriptのコードを記述できます。そこには、文字列だけではなく、任意の型の値を渡すことができます。

```
<a href={'/surveys/' + survey.id}>{survey.title}</a>
```

オブジェクトをそのまま一組のプロパティとして指定する場合は、JSXのスプレッドシンタックスが使えます[*2]。

```
var ListSurveys = React.createClass({
  render: function () {
    var props = {
      one: 'foo',
      two: 'bar'
    };

    return <SurveyTable {...props} />;
  }
});
```

[*1] 訳注：コンポーネントが作成された後からpropsを変更することは非推奨となっています。どうしても変更したい場合は、v0.13で追加されたReact.cloneElementをお使いください。
[*2] 訳注：スプレッド演算子「...」は後続のオブジェクトをその場に展開します。

また、プロパティはイベントハンドラを格納するためにも使用されます。

```
var SaveButton = React.createClass({
  render: function () {
    return (
      <a className='button save' onClick={this.handleClick}>保存</a>
    );
  },
  handleClick: function () {
    // ...
  }
});
```

上記のコードは、アンカータグ`<a>`の`onClick`属性に`this.handleClick`を指定しています。これにより、ユーザーがリンクをクリックした際に`handleClick`メソッドが呼び出されるようになります。

4.1.1 propTypes

Reactはプロパティとして渡された値のバリデーションの手段を提供します。それは、コンポーネントに対して以下のようにコンフィグオブジェクトを指定することで実現します。

```
var SurveyTableRow = React.createClass({
  propTypes: {
    survey: React.PropTypes.shape({
      id: React.PropTypes.number.isRequired
    }).isRequired,
    onClick: React.PropTypes.func
  },
  // ...
});
```

コンポーネント作成時に渡されたプロパティが`propTypes`で指定された条件を満たさない場合、Reactは`console.warn`で警告を出力してくれます。

`.isRequired`を指定した場合、そのプロパティは必須になります。指定しなかった場合は任意になります。

`propTypes`は省略可能ですが、コンポーネントの仕様を明確に宣言できるため、積極的に使うようにしましょう。

4.1.2 getDefaultProps

`getDefaultProps`ではプロパティのデフォルト値を定義します。ここで定義されたデフォルト値はコンポーネント作成時にプロパティが指定されなかった場合に使用されます。`propTypes`で

「任意」と指定したプロパティに対してのみ、デフォルト値を定義することができます。

```
var SurveyTable = React.createClass({
  getDefaultProps: function () {
    return {
      surveys: []
    };
  }
  // ...
});
```

ここで注意してほしいのは、getDefaultPropsで返した値はReact.createClass呼び出し時にキャッシュされるため、コンポーネントのインスタンスごとに毎回メソッドが呼び出されるわけではないということです。つまり、getDefaultPropsメソッド内でインスタンスごとに異なる値を使用することはできません。

4.2 state

Reactのコンポーネントは内部状態 (state) を持つことができます。stateはコンポーネントの内部でのみ使用される点でpropsと異なります。

一般的にstateは要素の表示内容を決定するために使用されます。<CountryDropdown>コンポーネントの例を以下に示します。

```
var CountryDropdown = React.createClass({
  getInitialState: function () {
    return {
      showOptions: false
    };
  },

  render: function () {
    var options;

    if (this.state.showOptions) {
      options = <countryoptions></countryoptions>;
    }

    return (
      <div className="dropdown" onClick={this.handleClick}>
        <label>国を選択してください</label>
        {options}
      </div>
    );
  },
```

```
      handleClick: function () {
        this.setState({ showOptions: true });
      }

    });
```

上記のコードでは、ドロップダウンリストにオプションを表示するかどうかを決定するためにstateが使われています。

コードで示されているように、stateはgetInitialStateメソッドで初期化され、setStateメソッドで変更されます。setStateが呼び出された場合は、その後に必ずrenderメソッドが呼び出されます。さらにrenderの出力結果に変更があれば、仮想DOMの表現が更新されます。そして最終的に実際のDOMが更新され、ユーザーがブラウザ上でその変更を目にすることになります。

this.stateを直接変更するのは絶対にやめてください。常にthis.setStateメソッド経由で状態を変更するようにしてください。

stateを使用することでコンポーネントは確実に複雑になるので、なるべく一部のコンポーネントでのみstateを使用するようにしましょう。そうすることで、デバッグが容易になります。

4.3 stateとpropsの使い分け

前の章でも述べましたが、加工された値やReactコンポーネントそのものをstateに持つのは避けましょう。コンポーネントの機能に直接必要な単純なデータのみをstateに持つようにしましょう。例えば、先のコード例ではチェックボックスのチェックの有無により、オプションの表示／非表示を決定しました。他にもstateとしてふさわしいものとして、オプションのリストがドロップダウン表示されているかどうかを保持するための真偽値や、入力フィールドの値などが挙げられます。

また、propsの値をstateにコピーするのは避けましょう。可能なかぎりpropsを単一の情報源として使用するようにしてください[*1]。

4.4 まとめ

この章では以下のことを学びました。

1. プロパティ経由でコンポーネントにデータを渡し、ツリー全体に伝播させることができる
2. propsは不変として扱い、コンポーネント内でthis.propsの値を変更したりthis.

[*1] 訳注：前の章で述べたとおり、propsの値をstateの初期値として使用することは可能です。

setPropsを呼び出したりしてはいけない
3. 子コンポーネントとやりとりするために、イベントハンドラをプロパティに指定する
4. 表示内容を決定するための単純なデータのみをstateに保存することができる
5. this.stateを直接変更するのではなく、this.setStateメソッドを使用しなければいけない

この章でも簡単に触れましたが、次の章ではイベントハンドラについてさらに詳しく解説します。

5章
イベント処理

　ユーザーインタフェースの半分は表示であり、残りの半分はユーザーの入力に反応することです。JavaScriptにおいて、これはユーザーの入力イベントに応じたイベントハンドラを記述することを意味します。

　Reactでイベント処理を行うには、まずイベントハンドラを登録し、次にそのハンドラが呼び出された際にコンポーネントのstateを変更する処理を記述します。コンポーネントのstateが変更された場合、Reactはそのコンポーネントを再描画するので、renderメソッド内でstateを参照しさえすれば、変更は自動的に描画に反映されます。

　多くの場合はイベントハンドラが呼び出されることでstateを更新することができますが、しばしば追加の情報が必要になることがあります。その場合、イベントハンドラに引数として渡されるイベントオブジェクトが追加の情報を含んでいるので、それをもとにstateを適切に更新できます。

　これらのテクニックとReactの高性能なレンダリングの仕組みを利用することで、容易にユーザーの入力に反応してUIを更新することができます。

5.1　イベントハンドラの登録

　基本的にReactは通常のJavaScriptで見られるのと同じイベントを扱います。ユーザーがクリックした場合はMouseEventが通知され、要素の内容が変わった場合はchangeイベントが通知されます。イベント名およびそれが発生する条件も通常のJavaScriptのイベントと同じです。

　Reactにおけるイベントハンドラを登録するシンタックスはHTMLにおけるそれと非常によく似ています。例えば本書のサンプルアプリケーション（SurveyBuilder）では、［保存］ボタンのonClickハンドラを以下のように登録しています。

```
// client/app/components/survey_editor.js
<button className="btn btn-save" onClick={this.handleSaveClicked}>保存</button>
```

これにより、ユーザーがボタンをクリックすると、handleSaveClickedメソッドが呼び出されます。このメソッドには保存の操作を処理するロジックが書かれています。

一般的には、HTMLの中に直接イベントハンドラを記述することは推奨されていません。しかしながらReactでは、上記のようなコードはあくまでもハンドラを指定するためのシンタックスであり、実際にonClick属性が使用されているわけではありません。内部的にはもっと効率の良いやり方でイベントリスナーが管理されています。

もしJSXを使わないのであれば、以下のようにオブジェクトのプロパティとしてonClickイベントハンドラを指定します。

```
// ファクトリーを使用する場合
React.DOM.button({
  className: 'btn btn-save',
  onClick: this.handleSaveClicked
}, '保存');

// ファクトリーを使用しない場合
React.createElement('button', {
  className: 'btn btn-save',
  onClick: this.handleSaveClicked
}, '保存');
```

Reactはさまざまなタイプのイベントをサポートしています。詳しくはReactの公式ドキュメントの「Event System」のページ（http://facebook.github.io/react/docs/events.html）を参照してください。

ほとんどのイベントは特に何もすることなく利用可能ですが、タッチイベントを利用するには以下のように手動で有効にする必要があります。

```
React.initializeTouchEvents(true);
```

5.2　イベントとstate

ではここで、ユーザーの入力に応じて変更されるSurveyEditorというコンポーネントを実装してみましょう（図5-1）。ユーザーはメニューのリストから質問を選び、ドラッグしてこのコンポーネントに質問を追加します。

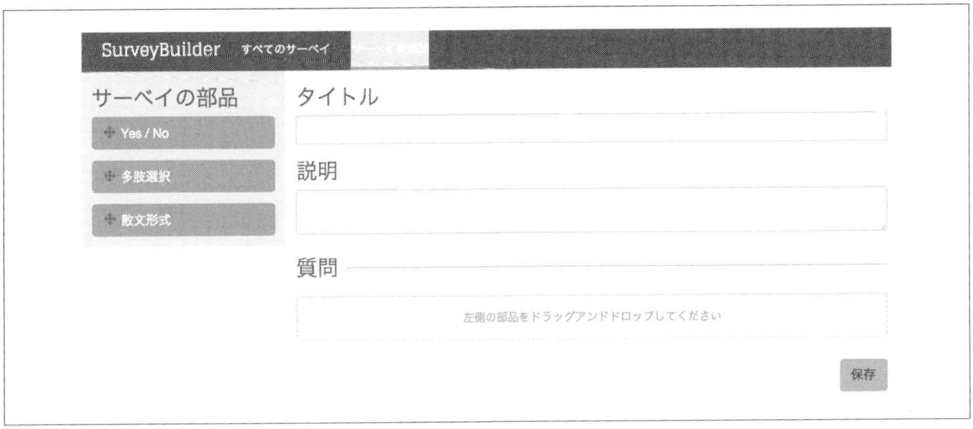

5.2 イベントとstate

[図: SurveyEditor画面のスクリーンショット]

図5-1　SurveyEditor

まずはrenderメソッドです。ここでは、HTML5のドラッグアンドドロップAPIに基づいて、いくつかのイベントハンドラを登録しています。下記のコードで登場するDraggableQuestionsコンポーネントは質問のメニューを表示するためのコンポーネントです。ドラッグアンドドロップの操作はdiv要素の属性値として指定された一連のハンドラメソッドにより処理されます。

```
// client/app/components/survey_editor.js
var SurveyEditor = React.createClass({
  render: function () {
    return (
      <div className='survey-editor'>
        <div className='row'>
          <aside className='sidebar col-md-3'>
            <h2>サーベイの部品</h2>
            <DraggableQuestions />
          </aside>

          <div className='survey-canvas col-md-9'>
            <div
              className={'drop-zone well well-drop-zone'}
              onDragOver={this.handleDragOver}
              onDragEnter={this.handleDragEnter}
              onDragLeave={this.handleDragLeave}
              onDrop={this.handleDrop}
            >
              左側の部品をドラッグアンドドロップしてください
            </div>
          </div>
        </div>
      </div>
```

```
      );
    }
  });
```

5.2.1 renderメソッド内でstateを参照する

ハンドラメソッドが行うべき仕事は、今までに追加された質問のリストを更新することです。そのためにコンポーネントのstateオブジェクトを使用します。stateオブジェクトのデフォルト値はnullですが、通常は以下のようにgetInitialStateメソッドを用いてstateの初期値を定義します。

```
getInitialState: function () {
  return {
    dropZoneEntered: false,
    title: '',
    introduction: '',
    questions: []
  };
}
```

これにより、コンポーネントのインスタンス作成時にstateの初期値がセットされます。ここでは、titleとintroductionの文字列はブランクに、質問のリストであるquestionsは空の配列にそれぞれ初期化されています。また、ユーザーが何かをドラッグしているかどうかを表すdropZoneEnteredはfalseで初期化されています。

さらに、renderメソッドの中でthis.stateを参照することで、現在の値をユーザーに表示できるようにします。

```
// client/app/components/survey_editor.js
render: function () {
  var questions = this.state.questions;

  var dropZoneEntered = '';
  if (this.state.dropZoneEntered) {
    dropZoneEntered = 'drag-enter';
  }

  return (
    <div className='survey-editor'>
      <div className='row'>
        <aside className='sidebar col-md-3'>
          <h2>サーベイの部品</h2>
          <DraggableQuestions />
        </aside>
```

```
            <div className='survey-canvas col-md-9'>
              <SurveyForm
                title={this.state.title}
                introduction={this.state.introduction}
                onChange={this.handleFormChange}
              />

              <Divider>質問</Divider>
              <ReactCSSTransitionGroup transitionName='question'>
                {questions}
              </ReactCSSTransitionGroup>

              <div
                className={'drop-zone well well-drop-zone ' + dropZoneEntered}
                onDragOver={this.handleDragOver}
                onDragEnter={this.handleDragEnter}
                onDragLeave={this.handleDragLeave}
                onDrop={this.handleDrop}
              >
                左側の部品をドラッグアンドドロップしてください
              </div>

              <div className='actions'>
                <button className="btn btn-save"
                  onClick={this.handleSaveClicked}>保存</button>
              </div>
            </div>
          </div>
        </div>
    );
  }
```

　renderメソッドにおけるthis.stateの扱い方は、大きく分けて2通りの方法が考えられます。具体的には、this.stateの値によって、同じ要素を属性値を変えて表示するか、もしくはまったく異なった要素を表示するかの2通りです。いずれのやり方でも問題なく動作します。

5.2.2　stateの更新

　stateを更新すると、そのコンポーネントは再描画されるので、次にすべきことはドラッグイベントのハンドラでstateを更新することです。それにより、renderメソッドが呼び出され、this.stateからtitle、intruduction、questionsの値が読み出されて表示されます。

　コンポーネントのstateを更新するには2通りの方法があります。ひとつはsetStateメソッド、もうひとつはreplaceStateメソッドです。replaceStateは、与えられたオブジェクトでstateオブジェクト全体を差し替えます。これはstateを不変なデータ構造として扱う場合は便利です

が、たいていの場合はもう一方の`setState`を使うことになるでしょう。`setState`は与えられたオブジェクトを既存の`state`オブジェクトにマージします。

例えば以下のように`state`を初期化したとします。

```
getInitialState: function () {
  return {
    dropZoneEntered: false,
    title: 'すばらしいサーベイ',
    introduction: 'このサーベイはすばらしい',
    questions: []
  };
}
```

その後、`this.setState({title: "すばらしいサーベイ2.0"})`のように呼び出した場合、`this.state.title`のみが変更され、`this.state.dropZoneEntered`と`this.state.introduction`と`this.state.questions`は変わりません。

一方、`this.replaceState({title: "すばらしいサーベイ2.0"})`のように呼び出した場合、`state`オブジェクト全体が新規のオブジェクト`{title: "すばらしいサーベイ2.0"}`に差し替えられるので、`this.state.dropZoneEntered`と`this.state.introduction`と`this.state.questions`は消去されてしまいます。この場合、`render`メソッドは`this.state.questions`が配列であることを期待しているのに対し、実際の値は`undefined`となるため、`render`メソッドは壊れてしまいます。

一連のハンドラメソッドを`this.setState`を使って実装してみましょう。

```
handleFormChange: function (formData) {
  this.setState(formData);
},

handleDragOver: function (ev) {
  // handleDropが呼び出されるために必要
  // https://code.google.com/p/chromium/issues/detail?id=168387
  ev.preventDefault();
},

handleDragEnter: function () {
  this.setState({dropZoneEntered: true});
},

handleDragLeave: function () {
  this.setState({dropZoneEntered: false});
},

handleDrop: function (ev) {
  var questionType = ev.dataTransfer.getData('questionType');
```

```
    var questions = this.state.questions;
    questions = questions.concat({ type: questionType });

    this.setState({
      questions: questions,
      dropZoneEntered: false
    });
  }
```

　stateオブジェクトを変更するときは必ず`setState`もしくは`replaceState`を使ってください。「`this.state.saveInProgress = true`」のように直接値を代入すると、Reactは再描画が必要かもしれないことに気づかないばかりでなく、次に`setState`が呼ばれたときに予測できない結果となります。

5.3　イベントオブジェクト

　多くの場合、イベントハンドラの引数は不要ですが、時にはユーザーの入力に関する情報が必要な場合もあります。

　例えば、サンプルアプリケーション（SurveyBuilder）の`AnswerEssayQuestion`コンポーネントを見てみましょう（図5-2）。

図5-2　AnswerEssayQuestion

```
// client/app/components/answers/answer_essay_question.js
var AnswerEssayQuestion = React.createClass({
  handleComplete: function (event) {
    this.callMethodOnProps('onCompleted', event.target.value);
  },
  render: function () {
    return (
      <div className="form-group">
        <label className="survey-item-label">{this.props.label}</label>
        <div className="survey-item-content">
          <textarea className="form-control"
            rows="3" onBlur={this.handleComplete} />
        </div>
```

```
      </div>
    );
  }
});
```

　Reactのイベントハンドラには必ずイベントオブジェクトが渡されます。これは通常の JavaScriptのイベントリスナーと同様です。上記のコードで`handleComplete`メソッドはイベントオブジェクトの`event.target.value`を参照することで、`textarea`要素の値を取得しています。このような`event.target.value`からフォームの入力を取得するコードは特に`onChange`イベントハンドラでよく使用されます。

> 上記のコードで使用されている`callMethodOnProps`は`PropsMethodMixin`というMixinが提供するメソッドです。Mixinについては7章で説明しますが、ここでは親と子のコンポーネントがやりとりするための便利なメソッドを提供するクラスと考えてください。

　Reactはブラウザから渡された生のイベントオブジェクトをそのままイベントハンドラに渡さずに、独自の`SyntheticEvent`というクラスのインスタンスでラップします。`SyntheticEvent`オブジェクトはブラウザ間の違いを吸収すること以外は、本物のイベントオブジェクトと見栄えも機能もまったく同じです。`SyntheticEvent`オブジェクトは本物のイベントオブジェクトと同じように扱えます。本物のイベントオブジェクトを取得する必要がある場合は、`SyntheticEvent`オブジェクトの`nativeEvent`プロパティ経由でアクセスできます。

5.4　まとめ

　Reactでユーザーの입력をUIに反映させる手順は以下のとおりです。

1. Reactコンポーネントにイベントハンドラを登録する
2. イベントハンドラ内でコンポーネントの`state`を変更する。`state`を変更することでコンポーネントは再描画される
3. コンポーネントの`render`メソッド内で`this.state`を参照するように変更する

　ここまで、ひとつのコンポーネントを使ってユーザーの入力に反応するやり方を見てきましたが、次の章では複数のコンポーネントを組み合わせてより複雑なUIを構築する手法について見ていきます。

6章
コンポーネントの合成

通常のHTMLにおいてページを構成するものは要素です。しかしReactにおいては、ページはコンポーネントにより構成されています。Reactのコンポーネントはエレメントの要素にJavaScriptの表現力が追加されたものと言えます。実際に開発者がReactを使って行うことはただひとつ、コンポーネントを作成することです。これはHTMLが要素だけで構成されているのと同じです。

アプリケーション全体がコンポーネントでのみ構成されているのであれば、本書はいわば「Reactコンポーネント」について書かれた本であると言えます。この章ではコンポーネントに関するすべての事柄を説明するのではなく、ただひとつの側面、具体的にはコンポーネントの「組み合わせ方」について説明します。

コンポーネントはpropsとstateを入力として受け取り、HTMLを出力として返す一種の関数のようなものです。それぞれのコンポーネントはアプリケーション内のデータの一部を表示するために設計されているので、そういう意味ではReactコンポーネントはHTMLの拡張と言えます。

6.1 HTMLの拡張

ReactとJSXは表現力の高いツールであり、HTMLのような構文でカスタム要素を定義することができます。通常のHTMLと違い、Reactコンポーネントはライフタイムを通じてその振る舞いをコントロールすることが可能です。開発者はまず、`React.createClass`というAPIを使用してコンポーネントを作成します。

Reactは「継承（inheritance）」よりも「合成（composition）」を好みます。小さくて単純なコンポーネントを組み合わせて、より大きくて複雑なアプリケーションを構築するのです。他のMVCフレームワークやオブジェクト指向のツールに慣れた方は、`React.extendClass`のような関数を期待するかもしれませんが、そのようなものは存在しません。それはHTMLを使ってWebページを記述する際にDOMノードを継承したりしないのと同じで、Reactコンポーネントは継承ではなく、合成を通じて拡張します。

Reactの合成の機能を使えば、さまざまなコンポーネントを組み合わせて複雑で高機能なコン

ポーネントを構築することができます。サンプルアプリケーションのコードで見てみましょう。`AnswerMultipleChoiceQuestion`コンポーネントは多肢選択問題、つまり質問と複数の選択肢を表示し、ユーザーに選択させる機能を持ちます（図6-1）。

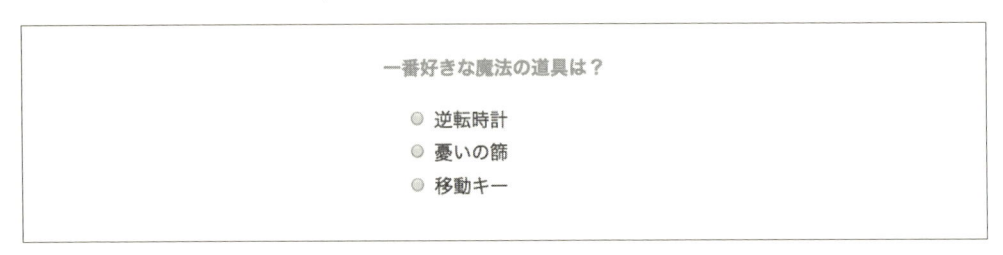

図6-1　AnswerMultipleChoiceQuestion

通常、この手のアプリケーションはHTMLのフォーム要素を使って実現されます。このコンポーネントもHTMLのinput要素をラップしてその機能をカスタマイズすることで実現されています。

6.2　合成の例

まずは、多肢選択問題を表すコンポーネントとはどういうものか、考えてみましょう。このコンポーネントは以下のような機能を提供します。

- 複数の選択肢を入力として受け取る
- それらをユーザーに表示する
- ユーザーはそれらのうちからひとつを選択する

前提知識として、HTMLには単一の選択肢を表現するための基本要素がすでに定義されています。ラジオボタン（type="radio"のinput要素）がそれです。これを踏まえてトップダウンで設計すると、上記のコンポーネントは図6-2のような階層構造になります。

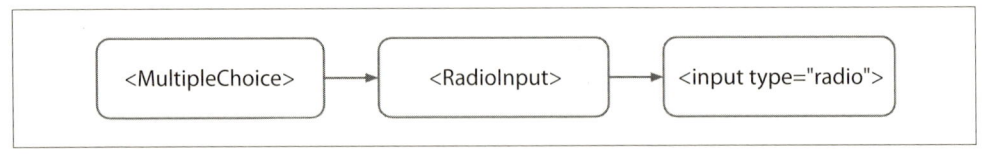

図6-2　コンポーネントの合成

ここで矢印は「持つ（has a）」を意味すると考えてください。`MulitpleChoice`コンポーネントは`RadioInput`コンポーネントを持ち、`RadioInput`コンポーネントはinput要素を持ちます。このように表現できることが、合成パターンの大きな特徴です。

6.2.1 HTMLの組み立て

コンポーネントをボトムアップで組み立てていきましょう。Reactはinput要素に相当する定義済みのコンポーネントを持っており、それはReact.DOM.inputネームスペースで提供されます。よって、最初に行うべき作業はこのinputコンポーネントをRadioInputコンポーネントでラップすることです。RadioInputコンポーネントの役割はinput要素の機能をラジオボタンに限定することです。本書のサンプルアプリケーションでは、これはAnswerRadioInputと命名されています。

まずはコードの枠組みだけを記述しましょう。そこには必須のメソッドであるrenderと、基本的な要素のみをマークアップします。このコンポーネントは独自のinput要素を定義したもので、合成パターンの出発点となります。

```
// 完成したコンポーネントは
// client/app/components/answers/answer_radio_input.js
// で参照できます
var AnswerRadioInput = React.createClass({
  render: function () {
    return (
      <div className="radio">
        <label>
          <input type="radio" />
          ラベルの文字列
        </label>
      </div>
    );
  }
});
```

6.2.2 動的なプロパティの追加

この時点では`AnswerRadioInput`コンポーネントはまだ動的ではないので、次にすべきことは親コンポーネントから渡されるプロパティを定義することです。以下は必要なプロパティのリストです。

- この選択肢が表現する値：`value`（必須）
- この選択肢の表示文字列：`label`（必須）
- この選択肢が属する多肢選択の名前：`name`（必須）
- ラジオボタンのid：`id`（オプション）
- ラジオボタンの初期選択状態：`checked`（オプション）

上記のリストをもとにコンポーネントのプロパティを定義しましょう。まずはクラス定義に`propTypes`オブジェクトを追加します。

```
var AnswerRadioInput = React.createClass({
  propTypes: {
    id: React.PropTypes.string,
    name: React.PropTypes.string.isRequired,
    label: React.PropTypes.string.isRequired,
    value: React.PropTypes.string.isRequired,
    checked: React.PropTypes.bool
  },
  ...
});
```

これらのうちオプションのもの (つまり isRequired が指定されていないもの) はデフォルト値が必要ですので、getDefaultProps メソッドで定義しましょう。これらのデフォルト値は親コンポーネントが値を指定しなかった場合にのみ使用されます。

getDefaultProps はインスタンスが作成されるたびに呼び出されるのではなく、クラスごとに一度しか呼び出されないので、インスタンスのユニークな id をここで決定することはできません。id は後で state として定義されることになります。

```
var AnswerRadioInput = React.createClass({
  propTypes: {...},
  getDefaultProps: function () {
    return {
      id: null,
      checked: false
    };
  },
  ...
});
```

6.2.3 state の監視

時間とともに変化するデータを監視する必要がある場合、それらはコンポーネントの state として保持されます。id は時間とともに変化しませんが、インスタンスごとにユニークであるため、state として保持されます。また、checked はユーザーのラジオボタンの操作により、常に値が変更される可能性があるため state として保持されます。結果的に、コンポーネントの state の初期値は以下のようになります[1]。

```
var AnswerRadioInput = React.createClass({
  propTypes: {...},
  getDefaultProps: function () {...},
```

---

[1] 訳注: ここで !!this.props.checked のように二重否定 (!!) を使用しているのは、checked の値が真偽値であることを保証するためです。

```
    getInitialState: function () {
      return {
        checked: !!this.props.checked,
        id: this.props.id ? this.props.id : uniqueId('radio-')
      };
    },
    ...
  });
```

stateとpropsが定義できたので、次はrenderメソッド内でこれらの値を参照するようにマークアップします。

```
  var AnswerRadioInput = React.createClass({
    propTypes: {...},
    getDefaultProps: function () {...},
    getInitialState: function () {...},
    render: function () {
      return (
        <div className="radio">
          <label htmlFor={this.state.id}>
            <input type="radio"
              name={this.props.name}
              id={this.state.id}
              value={this.props.value}
              checked={this.state.checked} />
            {this.props.label}
          </label>
        </div>
      );
    }
  });
```

6.2.4 親コンポーネントへの統合

この時点でほぼ利用可能なコンポーネントができあがったので、次に親コンポーネントとなるAnswerMultipleChoiceQuestionを作成しましょう。このコンポーネントの主な役割は複数の選択肢をユーザーに提示することです。では先ほどと同じ手順で、基本となるHTMLとデフォルトのpropsをこのコンポーネントにも定義しましょう。

```
  // 完成したコンポーネントは
  // client/app/components/answers/answer_multiple_choice_question.js
  // で参照できます
  var AnswerMultipleChoiceQuestion = React.createClass({
    propTypes: {
      value: React.PropTypes.string,
```

```
      choices: React.PropTypes.array.isRequired,
      onCompleted: React.PropTypes.func.isRequired
    },
    getInitialState: function () {
      return {
        id: uniqueId('multiple-choice-'),
        value: this.props.value
      };
    },
    render: function () {
      return (
        <div className="form-group">
          <label className="survey-item-label" htmlFor={this.state.id}>
              {this.props.label}
          </label>
          <div className="survey-item-content">
              <AnswerRadioInput ... />
              ...
              <AnswerRadioInput ... />
          </div>
        </div>
      );
    }
  });
```

　AnswerMultipleChoiceQuestionコンポーネントの子ノードは、AnswerRadioInputコンポーネントの配列です。この配列はchoicesプロパティの配列がもとになっています。以下のコードでは、配列のそれぞれの要素からAnswerRadioInputコンポーネントを作成するヘルパー関数renderChoicesを定義しています[*1]。

```
  var AnswerMultipleChoiceQuestion = React.createClass({
    ...
    renderChoices: function () {
      return this.props.choices.map(function (choice, i) {
        return <AnswerRadioInput
          key={"choice-" + i}
          name={this.state.id}
          label={choice}
          value={choice}
          checked={this.state.value === choice} />
      }.bind(this));
    },
    render: function () {
      return (
```

[*1] 訳注：key属性については11章で詳しく説明します。

```
        <div className="form-group">
          <label className="survey-item-label" htmlFor={this.state.id}>
            {this.props.label}
          </label>
          <div className="survey-item-content">
            {this.renderChoices()}
          </div>
        </div>
      );
    }
  });
```

ここまでReactにおけるコンポーネントの合成について理解できたと思います。まずは汎用的なinput要素から始まり、それをラジオボタンにカスタマイズし、最後に多肢選択の機能を提供する、洗練された独自のフォームコントロールのコンポーネントを作りました。このコンポーネントを表示するには単純に以下のように記述します。

```
<AnswerMultipleChoiceQuestion choices={arrayOfChoices} ... />
```

注意深い読者の方はすでにお気づきかもしれませんが、このコンポーネントは実は重要な要素を欠いています。それは何かと言うと、値が変更されたことを親コンポーネントに伝える機能が実装されていないのです。それには、`AnswerRadioInput`コンポーネントが親コンポーネントに自身の変更を通知しなければいけません。次の節では、コンポーネントの親子間の関係に着目します。

6.3　親子間の関係

この時点ですでにフォームを画面に表示することは可能ですが、ユーザーの入力をコンポーネント内で共有できません。`AnswerRadioInput`がまだ親コンポーネントと通信できないからです。

子コンポーネントが親コンポーネントと通信する最も簡単な方法は`props`を使用することです。親がコールバック関数を`props`として渡して、子が適宜それを呼び出すといった形です。

それにはまず、`AnswerMultipleChoiceQuestion`が子コンポーネントの変更を受けてどのような振る舞いをすべきか定義しなければいけません。以下では`handleChanged`メソッドを定義して子コンポーネントの`onChanged`プロパティとして渡しています。これにより、`handleChanged`メソッドは`AnswerRadioInput`のすべてのインスタンスで参照されます。

```
var AnswerMultipleChoiceQuestion = React.createClass({
  ...
  handleChanged: function (value) {
    this.setState({value: value});
    this.props.onCompleted(value);
  },
  renderChoices: function () {
```

```
      return this.props.choices.map(function (choice, i) {
        return AnswerRadioInput({
          ...
          onChanged: this.handleChanged
        });
      }.bind(this));
    },
    ...
  });
```

これで各ラジオボタンがユーザーの入力を親に通知する準備が整いました。後はこのイベントハンドラをinput要素のonChangeイベントに接続するだけです。

```
  var AnswerRadioInput = React.createClass({
    propTypes: {
      ...
      onChanged: React.PropTypes.func.isRequired
    },
    handleChanged: function (e) {
      var checked = e.target.checked;
      this.setState({checked: checked});
      if (checked) {
        this.props.onChanged(this.props.value);
      }
    },
    render: function () {
      return (
        <div className="radio">
          <label htmlFor={this.state.id}>
            <input type="radio"
              ...
              onChange={this.handleChanged} />
            {this.props.label}
          </label>
        </div>
      );
    }
  });
```

6.4 まとめ

この章ではReactにおいて合成のパターンを使用する手法について見てきました。HTMLの要素もしくは自身のカスタムコンポーネントをラップして、必要に応じてそれらの機能をカスタマイズすることで、コンポーネントを作成します。汎用的なコンポーネントは、合成するたびにより特

化され意味を持ったものになっていきます。以下のように汎用的なinput要素から始まり、

```
<input type="radio" ... />
```

次第に意味を持ったものへと変化させ、

```
<AnswerRadioInput ... />
```

最終的に、配列からユーザーが操作可能なUIへと変換するコンポーネントができあがりました。

```
<AnswerMultipleChoiceQuestion choices={arrayOfChoices} ... />
```

コンポーネントをカスタマイズするための手法としては合成のほかにMixinがあります。Mixinにより複数のコンポーネントで共有されるメソッドを定義することができます。次の章ではMixinを使ってコンポーネント間でコードを共有する方法について説明します。

7章
Mixin

前の章で述べたとおり、Mixinを使えば複数のコンポーネント間で共有可能なメソッドを定義することができます。詳しく見ていきましょう。

7.1 Mixinとは

以下のTimerコンポーネントはReactのWebサイトから引用したものです。

```
var Timer = React.createClass({
  getInitialState: function () {
    return {secondsElapsed: 0};
  },
  tick: function () {
    this.setState({secondsElapsed: this.state.secondsElapsed + 1});
  },
  componentDidMount: function () {
    this.interval = setInterval(this.tick, 1000);
  },
  componentWillUnmount: function () {
    clearInterval(this.interval);
  },
  render: function () {
    return (
      <div>Seconds Elapsed: {this.state.secondsElapsed}</div>
    );
  }
});
```

このコンポーネントは単体では問題ないのですが、タイマーを使うコンポーネントが他にある場合、それらすべてを上記のように実装すると、結果的に同じコードが重複してしまいます。そこでMixinの出番です。Mixinを使って上記のTimerコンポーネントを実装すると、以下のようになり

ます。

```
var Timer = React.createClass({
  mixins: [IntervalMixin(1000)],
  getInitialState: function () {
    return {secondsElapsed: 0};
  },
  onTick: function () {
    this.setState({secondsElapsed: this.state.secondsElapsed + 1});
  },
  render: function () {
    return (
      <div>Seconds Elapsed: {this.state.secondsElapsed}</div>
    );
  }
});
```

　Mixinを使用する場合は、コンポーネントにmixinsというプロパティを定義します。mixinsはオブジェクトの配列で、それらはReact.createClassの引数のオブジェクトにマージされます[*1]。mixins内の複数のオブジェクト間でメソッドが重複していた場合、Reactは上書きせずに処理をミックスします。

```
React.createClass({
  mixins: [{
    getInitialState: function () { return {a: 1} }
  }],
  getInitialState: function () { return {b: 2} }
});
```

　この例ではコンポーネントのクラス定義とMixinオブジェクトの間でgetInitialStateメソッドが重複していますが、それぞれのメソッドの戻り値がミックスされて{a: 1, b: 2}が返るようになります。ただし、キーの名前が重複していた場合はエラーになります。

　componentDidMountのような「component」で始まるライフサイクルメソッドは順次実行されます。つまり、mixinsの配列に格納されている順番で呼び出され、コンポーネントクラス自身でもし定義されていれば、最終的にそれが呼び出されます。

　先ほどのコードに戻って、IntervalMixin関数の実装を見てみましょう。多くの場合はmixinsの値としてMixinオブジェクトをその場で定義しますが、複雑なオブジェクトの場合はこのように別途Mixinオブジェクトを返す関数を定義します。IntervalMixin関数はタイマーのインターバルを引数に受け取ります。

```
var IntervalMixin = function (interval) {
```

[*1] 訳注：このコードでIntervalMixinはオブジェクトを返す関数で、この章の後半で説明します。

```
      return {
        componentDidMount: function () {
          this.__interval = setInterval(this.onTick, interval);
        },
        componentWillUnmount: function () {
          clearInterval(this.__interval);
        }
      };
    };
```

このMixinオブジェクトはわかりやすい反面、いくつかの制限があります。まず複数のタイマーを持つことができません。また、タイマーイベントのハンドラメソッドの名前はonTickに固定されています。それにタイマーを止めるには内部の__intervalプロパティに直接アクセスする必要があります。これらを解決するために、APIを設計し直しましょう。

以下に変更されたIntervalMixin関数と、2014年1月1日からの経過秒数を表示するコンポーネントを実装してみました。Mixinオブジェクトのコードは増えましたが、より柔軟で高機能になりました。

```
    var IntervalMixin = {
      setInterval: function (callback, interval) {
        var token = setInterval(callback, interval);
        this.__intervals.push(token);
        return token;
      },
      componentDidMount: function () {
        this.__intervals = [];
      },
      componentWillUnmount: function () {
        this.__intervals.map(clearInterval);
      }
    };

    var Since2014 = React.createClass({
      mixins: [IntervalMixin],
      componentDidMount: function () {
        this.setInterval(this.forceUpdate.bind(this), 1000);
      },
      render: function () {
        var from = Number(new Date(2014, 0, 1));
        var to = Date.now();
        return (
          <div>{Math.round((to-from) / 1000)}</div>
        );
      }
    });
```

Mixinの適用例は他にもたくさんあります。すべて紹介することはできませんが、例えば以下のようなものがあります。

- イベントを監視してstateを更新するMixin（例：FluxのStore Mixin[*1]）
- XHRのアップロードを行いプログレスをstateに反映するMixin
- 子コンポーネントを<body>の末尾に表示するためのレイヤーMixin（例：モーダルダイアログ）

7.2 まとめ

Mixinはコードの重複を避けるための有効な手段です。また、Mixinを利用することで、コンポーネントは自身に固有の責務に集中することができます。Mixinは強力な抽象化の手段を提供し、いくつかの問題はMixinなしではうまく解決できません。

たとえMixinが単一のコンポーネント内でしか使用されなかったとしても、それはある特別な振る舞いや役割をコンポーネントと切り離して記述できるため、コンポーネントのコードはより理解しやすいものになります。例えば上記のコード例の__intervalsのような複雑な部分をMixin内に隠蔽することで、コンポーネントはシンプルさを保つことができます。

次の章ではDOMについて説明しますが、ある振る舞いや役割をコンポーネントから切り離してMixinとして定義できないか、常に検討するようにしてください。

[*1] 訳注：FluxとStoreについては16章で詳しく説明します。

第Ⅱ部
応用

8章
DOM操作

　通常はReactの提供するAPIだけでUIを構築できるため、実際のDOMに直接アクセスすることはほとんどありません。コンポーネントを合成することで、複雑なUIをまとまった全体としてユーザーに提示することができます。

　しかしながら、ある特定のケースではDOMへのアクセスを余儀なくされる場合があります。最もよくあるのはReactとともに使用することを想定していないサードパーティのライブラリを導入する場合です。また、ReactでサポートされていないDOM操作を行いたい場合も同様です。

　これらのケースに対応するために、Reactは自身が管理するDOMノードに直接アクセスするための機構を提供します。コンポーネントのライフサイクルの特定の局面でしか利用できないという制限はあるものの、その機構を使えば上記のユースケースに対応できます。

8.1　DOMノードへのアクセス

　Reactにより管理されたDOMノードにアクセスするには、まずそのノードを表現するコンポーネントにアクセスする必要があります。これはコンポーネントにref属性を設定することで実現します。

```
var DoodleArea = React.createClass({
  render: function () {
    return <canvas ref="mainCanvas" />;
  }
});
```

　ref属性を設定することで、上記の<canvas>コンポーネントはDoodleAreaコンポーネント内でthis.refs.mainCanvasでアクセスできるようになります。ここで設定するref属性はコンポーネントのすべての子ノードの中でユニークである必要があります。例えば、上記のコードの場合、他の子ノードのref属性をmainCanvasに設定するとうまく動作しません。

　ref属性により所望のコンポーネントの参照を得られれば、次にそのコンポーネントに対して

React.findDOMNode()を呼び出すことで実際のDOMノードにアクセスすることができます。ここで注意してほしいのは、renderメソッドの中ではDOMノードにアクセスできないということです。なぜならrender呼び出しが完了するまではReactはDOMを更新しないので、この時点ではDOMノードはまだ最新の状態ではないか、もしくはまだ作成すらされていないかもしれないからです。

React.findDOMNode()はコンポーネントがページに追加されるまでは使用できません。ページに追加された直後に呼び出されるcomponentDidMountの中で使用するようにしてください。

```
var DoodleArea = React.createClass({
  render: function () {
    // render()の中ではまだ表示されていないので、以下の関数呼び出しはエラーになる可能性があります。
    React.findDOMNode(this);

    return <canvas ref="mainCanvas" />;
  },

  componentDidMount: function () {
    var canvasNode = React.findDOMNode(this.refs.mainCanvas);
    // この呼び出しは問題なく動作します。
    // これにより、Canvasノードの描画APIを使用することが可能です。
  }
});
```

React.findDOMNode()を安全に使用できるのはcomponentDidMountの中だけではありません。イベントハンドラもまた、必ずコンポーネントがページに追加された後に呼び出されるため、安全にReact.findDOMNode()を使用できます。

```
var RichText = React.createClass({
  render: function () {
    return <div ref="editableDiv"
      contentEditable="true" onKeyDown={this.handleKeyDown} />;
  },

  handleKeyDown: function () {
    var editor = React.findDOMNode(this.refs.editableDiv);
    var html = editor.innerHTML;

    // ユーザーが入力した内容を取得
  }
});
```

上記のコード例では、contentEditableを有効にして、div要素を作成しています。そのため、ユーザーはリッチテキストを入力できます。

ReactはコンポーネントのHTMLの内容（innerHTML）を参照する手段を提供していませ

ん。よって、上記のコードではkeyDownのイベントハンドラでDOMノードにアクセスして、innerHTMLを直接参照しています。このようにしてユーザーの入力を取得して、入力された単語の数を計算したりすることができます。

　refとReact.findDOMNode()は便利な機能ではありますが、どうしても必要な場合以外は使わないようにしましょう。それらはReactが内部で行う最適化の妨げとなるばかりでなく、アプリケーションが複雑化する要因にもなりえます。そのため、通常のやり方ではどうしても解決できない場合に限りこの手法を使います。

8.2　Reactフレンドリーでないライブラリの使用

　多くの便利なJavaScriptライブラリはReactと一緒に使うことを考慮に入れて作られていません。DOMへのアクセスを必要としない、データや時間のみを処理するライブラリの場合はよいのですが、そうでない場合、Reactとそのライブラリの間でDOMの状態を同期させる必要があります。

　例えば、以下のような使い方を想定したオートコンプリートのライブラリがあるとします。

```
autocomplete({
  target: document.getElementById("cities"),
  data: [
    "サンフランシスコ",
    "セントルイス",
    "アムステルダム",
    "ロサンゼルス"
  ],
  events: {
    select: function (city) {
      alert("選択された都市は" + city + "です");
    }
  }
});
```

　ここでautocomplete関数は、ターゲットとなるDOMノード、データとして使用する文字列のリスト、そしてイベントハンドラを引数として受け取ります。このライブラリをReactと一緒に使用するには、まずそれらの引数を提供するReactコンポーネントを作成します。

```
var AutocompleteCities = React.createClass({
  render: function () {
    return <div id="cities" ref="autocompleteTarget" />;
  },

  getDefaultProps: function () {
    return {
```

```
      data: [
        "サンフランシスコ",
        "セントルイス",
        "アムステルダム",
        "ロサンゼルス"
      ]
    };
  },

  handleSelect: function (city) {
    alert("選択された都市は" + city + "です");
  }
});
```

そしてこのライブラリをReactのコンポーネントと接続するため、componentDidMountメソッドでautocomplete関数を呼び出します。ここで、ref属性の値をautocompleteTargetに設定した子コンポーネントのDOMノードにアクセスしています。

```
var AutocompleteCities = React.createClass({
  render: function () {
    return <div id="cities" ref="autocompleteTarget" />;
  },

  getDefaultProps: function () {
    return {
      data: [
        "サンフランシスコ",
        "セントルイス",
        "アムステルダム",
        "ロサンゼルス"
      ]
    };
  },

  handleSelect: function (city) {
    alert("選択された都市は" + city + "です");
  },

  componentDidMount: function () {
    autocomplete({
      target: React.findDOMNode(this.refs.autocompleteTarget),
      data: this.props.data,
      events: {
        select: this.handleSelect
      }
    });
```

```
    }
  });
```

　componentDidMountはDOMが作成されてから1回しか呼ばれないため、同じDOMノードでautocompleteを2回呼び出してしまう心配はありません。

　とは言え、このコンポーネントがいったんページから削除され、異なるDOMノードで再び表示された場合、このコードではDOMノードへの参照が保持されたままなのでメモリリークが起こる可能性があります。その場合は、componentWillUnmountメソッドでDOMノードへの参照を必ず解消するようにしてください。

8.3　行儀の悪いライブラリ

　上記の例では、オートコンプリートのライブラリはターゲットとなるDOMの子ノードしか変更しない、いわば「行儀の良い」ライブラリであると言えます。残念なことに、すべてのライブラリがそうであるとは限りません。

　行儀の悪いライブラリはReactが予期せぬやり方でDOMに変更を加えます。そのようなライブラリを使用する場合は、そのライブラリの存在をReactから隠す必要があります。また、後片づけのためのコードを別途追加する必要があります。

　ここでは架空のjQueryプラグインを想定しましょう。このプラグインは、自身がアタッチされた要素の内容を、カスタムイベント経由で変更してしまいます。以下のコードでは、このような行儀の悪いライブラリにどう対処するかを示します。もし自身がアタッチされた要素の、さらに親の要素を変更するプラグインがあれば、それは救いようがなく、Reactとともに使用することは不可能と言えます。そのような場合は他のプラグインを探すかそのプラグインのソースコードを修正してください。

　さて、行儀の悪いプラグインからReactを守るには、そのプラグインの使用するDOMノードを完全にコントロールしなければいけません。まず、renderメソッドで子ノードやpropsをいっさい持たないdivコンポーネントを返します。

```
  var SuperSelect = React.createClass({
    render: function () {
      return <div />;
    }
  });
```

　そして、componentDidMountで少々トリッキーなコードを書きます。

```
  var SuperSelect = React.createClass({
    render: function () {
      return <div />;
    },
```

```
componentDidMount: function () {
  var el = this.el = document.createElement('div');
  React.findDOMNode(this).appendChild(el);
  $(el).superSelect(this.props);
  $(el).on('superSelect', this.handleSuperSelectChange);
},
handleSuperSelectChange: function () { ... },
});
```

上記のコードでは、componentDidMountの中でReactの管理外のdivを独自に作成しています。さらに、そのdivをコンポーネントのrenderで作成されたdivの子ノードとして追加しています。子ノードとして追加されたdivはReactに管理されていないため、不要になった際は自分自身で削除しなければいけません。

```
componentWillUnmount: function () {
  // 作成したノードを DOM から削除する
  React.findDOMNode(this).removeChild(this.el);

  // プラグインのリスナーを削除する
  $(this.el).off();
}
```

追加したdivを削除するだけではなく、プラグインのドキュメントを調べて他に必要な手順がないか確認しましょう。グローバルなイベントリスナーやタイマーやAJAXリクエストなど、他にも後片づけが必要なものがあるかもしれません。

ではReactに管理されていないdivの描画を更新するにはどうすればよいのでしょうか。これにはふたつの方法があります。ひとつはコンポーネントを擬似的にページから削除して追加するやり方で、もうひとつはプラグインの更新用のAPIを呼び出すやり方です。前者のほうがより確実ですが、後者のほうがより簡潔でパフォーマンスの点で優れています。

まず、コンポーネントを擬似的にページから削除して追加する例です。

```
componentDidUpdate: function () {
  this.componentWillUnmount();
  this.componentDidMount();
}
```

次にプラグインのAPIを呼ぶ例です。

```
componentWillReceiveProps: function (nextProps) {
  $(this.el).superSelect('update', nextProps);
}
```

サードパーティのライブラリやプラグインをReactとともに使用する場合は、それらを組み込むためにかかる手間はプラグインの構造により大きく変動します。また、それらは単純なjQueryプ

ラグインからリッチテキストエディタのような独自のプラグインを持つものまで多岐に渡ります。ごく単純なプラグインの場合、それをReactコンポーネントにラップして使用するよりは、同じ機能を提供するReactコンポーネントを作ってしまったほうが早いかもしれません。ただし、複雑なプラグインの場合はそう簡単にはいきません。

8.4 まとめ

　Reactが提供するAPIだけでは不十分で、どうしても実際のDOMにアクセスしなければいけない場合があります。そのような場合は、`ref`属性を設定することで特定のコンポーネントにアクセスし、そのコンポーネントの実際のDOMノードへの参照を`React.findDOMNode()`経由で取得します。DOMノードは`componentDidMount`が呼び出されてからでなければアクセスできません。

　これにより、ReactがサポートしていないDOM操作を行ったり、Reactとともに使用することを考慮されていないサードパーティのライブラリも使用することが可能になります。

　次の章ではReactでのフォームの作成と管理について見ていきます。

9章
フォーム

アプリケーションにおいてユーザーの入力を得ようとすると、必ずフォームが必要になります。しかしながら、一般的にシングルページアプリケーションにおいてフォームを「正しく」扱うのは至難の技です。なぜなら、ユーザーの入力により扱うべき状態が一気に増えるからです。また、そのような複雑な状態を管理しようとすると、たいていの場合バグが生じます。そこでReactです。Reactを使えば、フォームの状態管理を容易に行えます。

Reactコンポーネントの主要な側面として、動作が予測可能であることとテストの容易さが挙げられます。それらは、同じ内容のpropsとstateで描画を行った場合、常に同じ描画結果を出力するというReactコンポーネントの特徴に起因しています。そしてそれはフォームの場合も例外ではありません。

Reactのフォームのコンポーネントは「管理された」コンポーネントと「管理されていない」コンポーネントの2種類があります。この章ではそれらの違いと、それらを状況によってどう使い分けるかについて解説します。

この章で扱うトピックは以下のとおりです。

- フォームのイベント処理
- 管理されたフォームを使った入力
- フォームのUIの更新
- フォームのname属性の重要性
- 複数の管理されたフォーム
- 再利用可能なフォームの作成
- `autoFocus`属性
- 使いやすいアプリケーションを作成するためのヒント

前の章ではDOMのアクセス方法を学びました。Reactを使えばDOMとは独立した状態をコンポーネントで保持することができますが、それでも複雑なフォームを扱う場合などはDOMにアクセスする必要があります。

本書のサンプルアプリケーション（SurveyBuilder）も動的に作成されるフォームを扱いますが、この章では、より一般的な例を用いてReactにおけるフォームの扱いについて理解を深めたいと思います。

9.1 管理されていないコンポーネント

「管理されていないコンポーネント（Uncontrolled components）」は複雑なフォームに向いており、単純なフォームを作成する場合は使用されませんが、もう一方の「管理されたコンポーネント（Controlled components）」を理解するのに役立つため、まずは管理されていないコンポーネントから説明します。前の章でDOMノードへ直接アクセスすることは極力避けるようにと述べましたが、管理されていないコンポーネントは直接DOMノードへアクセスするため、ある意味アンチパターンと言えます。

フォームは他のReactコンポーネントと異なる動作をします。`<input>`要素にひとたび値が設定されると、それ以降の値の変更は`<input>`要素により管理されます。これが「管理されていないコンポーネント」と呼ばれる所以です。つまり、フォームの場合、Reactコンポーネントが値を管理することはできません。

Reactでは、`<input>`要素に`defaultValue`を設定することで初期値を設定します。

以下が初期値を設定するコード例です。

```
var MyForm = React.createClass({
  render: function () {
    return <input
      type="text"
      defaultValue="Hello World!" />;
  }
});
```

上記のコードは管理されていないコンポーネントの例です。ここでは親コンポーネント`MyForm`は`value`属性を設定していないので、`<input>`要素自身が値を管理します。

この管理されていないコンポーネントが有用なものになるには、まずフォームの値にアクセスできなければいけません。フォームの値にアクセスするためには`<input>`要素に`ref`属性を指定することでDOMノードに直接アクセスします。

`ref`属性はコンポーネントの`this`コンテキストから別のコンポーネントを参照するためのReact独自の属性です。コンポーネント内のすべての`ref`は`this.refs`経由でアクセス可能です。

`<input>`要素をフォームに追加して、送信するときに値を読み出すコードを書いてみましょう。

```
var MyForm = React.createClass({
  submitHandler: function (event) {
    event.preventDefault();
```

```
      // ref 経由で input 要素に直接アクセスする
      var helloTo = React.findDOMNode(this.refs.helloTo).value;
      alert(helloTo);
    },
    render: function () {
      return <form onSubmit={this.submitHandler}>
          <input
            ref="helloTo"
            type="text"
            defaultValue="Hello World!" />
          <br />
          <button type="submit">送信</button>
        </form>;
    }
  });
```

管理されていないコンポーネントはバリデーションや入力制御を行う必要がないフォームに向いています。

9.2 管理されたコンポーネント

　一方、管理されたコンポーネントは通常のReactコンポーネントのパターンを踏襲します。つまり、値をコンポーネントのstateとして保持することで、Reactコンポーネント自身がフォームの状態を管理します。フォームを完全にコントロールしたい場合は、管理されたコンポーネントの形態をとることになります。

　管理されたコンポーネントでは、親コンポーネントがinput要素に値を設定します。先ほどの管理されていないコンポーネントの例を書き直して、管理されたコンポーネントを実装してみましょう。

```
  var MyForm = React.createClass({
    getInitialState: function () {
      return {
        helloTo: "Hello World!"
      };
    },
    handleChange: function (event) {
      this.setState({
        helloTo: event.target.value
      });
    },
    submitHandler: function (event) {
      event.preventDefault();
      alert(this.state.helloTo);
```

```
  },
  render: function () {
    return <form onSubmit={this.submitHandler}>
        <input
          type="text"
          value={this.state.helloTo}
          onChange={this.handleChange} />
        <br />
        <button type="submit">送信</button>
      </form>;
  }
});
```

一番の違いは`<input>`要素の値が親コンポーネントのstateとして保持されていることです。その結果、データフローがより明確になっています。

1. `getInitialState`でデフォルト値が定義される
2. `render`メソッドで`<input>`要素のvalue属性が設定される
3. 値が変更された場合、`<input>`要素のonChange属性に設定したハンドラが呼び出される
4. ハンドラ内でstateが更新される
5. 再び`render`メソッドが呼び出され、`<input>`要素が更新される

見てのとおり、管理されていないコンポーネントよりもコードは増えていますが、データが入力されるたびにstateが変化するため、データフローを完全にコントロールできます。

これにより、例えばユーザーが入力するすべての文字を大文字に変換することが可能です。

```
handleChange: function (event) {
  this.setState({
    helloTo: event.target.value.toUpperCase()
  });
}
```

実際の動作をよく見ればわかりますが、変換された大文字が表示される前に小文字が一瞬表示されることはいっさいありません。これはReactがブラウザのchangeイベントを横取りしているからです。setStateメソッドが呼ばれることで、Reactはコンポーネントのrenderメソッドを呼び出し、最終的にDOMの差分を計算して必要であればコンポーネントを再描画します。

この手法はユーザーの入力可能な文字を制限したり、不正なメールアドレスを入力させないためによく使用されます。

また、データ入力中に他のコンポーネントの値を参照することも可能です。以下に使用例をいくつか挙げておきます。

- 入力文字数が限られている場合、入力可能な残り文字数を表示する

- 16進数のRGB値を入力して、色を表示する
- オートコンプリートの候補文字列を表示する
- 入力値によってUIの他の部分を変更する

9.3 フォームのイベント

イベントはフォームの状態をコントロールするのに欠かせないものです。

ReactはHTMLで発生するすべてのイベントに対応しています。それらは異なるブラウザで共通の動作をする、キャメルケースの名前を持った独自のイベントオブジェクトに変換されます。

すべてのイベントオブジェクトは、`target`プロパティ経由でイベントの発生元となるDOMノードにアクセスすることができます。

```
handleEvent: function (syntheticEvent) {
  var DOMNode = syntheticEvent.target;
  var newValue = DOMNode.value;
}
```

このように、イベントオブジェクトの`target`を参照することで、管理されたコンポーネントにおいて、ユーザーの入力値にアクセスできます。

9.4 ラベル

フォーム要素において、ラベルはラジオボタンやチェックボックスの意味をユーザーに伝えるという重要な役割を果たします。

HTMLの`label`要素には`for`属性がありますが、これはJSXでは`htmlFor`という属性名になります。JSXの属性はJavaScriptのオブジェクトに変換されてコンポーネント作成時に引数として渡されますが、JavaScriptでは`for`は予約語のため、これをオブジェクトのプロパティ名として使用できないからです。

これは`class`を`className`として扱うのと理由は同じで、Reactでは`for`は`htmlFor`となります。

```
//JSX
<label htmlFor="name">名前：</label>

//JavaScript（ファクトリーを使用する場合）
React.DOM.label({htmlFor:'name'}, '名前：');

//JavaScript（ファクトリーを使用しない場合）
React.createElement('label', {htmlFor: 'name'}, '名前：');
```

```
// 実際に描画されたDOM
<label for="name">名前：</label>
```

9.5 textareaとselect

Reactでは統一性と使いやすさのために<textarea>と<select>のインタフェースがオリジナルのHTMLの仕様から変更されています。

Reactの<textarea>コンポーネントはvalueとdefaultValueを指定することができ、<input>により近い形で扱えるようになっています。

```
// 管理されていないコンポーネントの例
<textarea defaultValue="Hello World" />

// 管理されたコンポーネントの例
<textarea
  value={this.state.helloTo}
  onChange={this.handleChange} />
```

一方、Reactの<select>コンポーネントはvalueとdefaultValueにより、どのoption値が選択されているかを指定することができます。これによりHTMLの<select>要素よりも簡単に外部から値を操作することが可能です。

```
// 管理されていないコンポーネントの例
<select defaultValue="B">
  <option value="A">選択肢A</option>
  <option value="B">選択肢B</option>
  <option value="C">選択肢C</option>
</select>

// 管理されたコンポーネントの例
<select value={this.state.helloTo} onChange={this.handleChange}>
  <option value="A">選択肢A</option>
  <option value="B">選択肢B</option>
  <option value="C">選択肢C</option>
</select>
```

また、Reactの<select>コンポーネントは複数選択にも対応しています。以下のようにmultiple属性を"true"に設定し、valueおよびdefaultValueに配列を渡すことで複数のoptionが選択された状態になります。

```
// 管理されていないコンポーネントの例
<select multiple="true" defaultValue={["A","B"]}>
```

```
      <option value="A">選択肢A</option>
      <option value="B">選択肢B</option>
      <option value="C">選択肢C</option>
    </select>
```

複数選択が有効になっている場合、<select>コンポーネントのvalue属性はoptionの選択が変更されても更新されません。子コンポーネントとなるoption要素のselectedプロパティのみが変更されます。option要素にref属性を設定するか、もしくはイベントハンドラ内でイベントオブジェクトのtargetプロパティを参照することで、選択されたoption要素にアクセスすることができます。

以下のコードでは<select>コンポーネントのonChange属性に設定したイベントハンドラhandleChange内で、子ノードを走査して現在選択されているoptionを調べています。

```
var MyForm = React.createClass({
  getInitialState: function () {
    return {
      options: ["B"]
    };
  },
  handleChange: function (event) {
    var checked = [];
    var sel = event.target;
    for (var i=0; i < sel.length; i++) {
      var option = sel.options[i];
      if (option.selected) {
        checked.push(option.value);
      }
    }
    this.setState({
      options: checked
    });
  },
  submitHandler: function (event) {
    event.preventDefault();
    alert(this.state.options);
  },
  render: function () {
    return <form onSubmit={this.submitHandler}>
      <select multiple="true"
          value={this.state.options}
          onChange={this.handleChange}>
        <option value="A">選択肢A</option>
        <option value="B">選択肢B</option>
        <option value="C">選択肢C</option>
      </select>
```

```
      <br />
      <button type="submit">送信</button>
    </form>;
  }
});
```

9.6 チェックボックスとラジオボタン

チェックボックスとラジオボタンが動作する仕組みは独特です。

HTMLと同様、Reactの<input>コンポーネントはtype属性により動作が異なります。type属性がtextの場合は値が変化するのに対して、type属性がcheckboxもしくはradioの場合、値そのものは変化せずcheckedの状態のみが変化します。つまり、チェックボックスもしくはラジオボタンをコントロールするにはchecked属性をコントロールすればよいのです。また、管理されていないチェックボックスもしくはラジオボタンを作成するにはdefaultChecked属性を使用します。

```
// 管理されていないチェックボックスの例
var MyForm = React.createClass({
  submitHandler: function (event) {
    event.preventDefault();
    alert(React.findDOMNode(this.refs.checked).checked);
  },
  render: function () {
    return <form onSubmit={this.submitHandler}>
      <input
        ref="checked"
        type="checkbox"
        value="A"
        defaultChecked="true" />
      <br />
      <button type="submit">送信</button>
    </form>;
  }
});

// 管理されたチェックボックスの例
var MyForm = React.createClass({
  getInitialState: function () {
    return {
      checked: true
    };
  },
  handleChange: function (event) {
```

```
      this.setState({
        checked: event.target.checked
      });
    },
    submitHandler: function (event) {
      event.preventDefault();
      alert(this.state.checked);
    },
    render: function () {
      return <form onSubmit={this.submitHandler}>
          <input
            type="checkbox"
            value="A"
            checked={this.state.checked}
            onChange={this.handleChange} />
          <br />
          <button type="submit">送信</button>
        </form>;
    }
  });
```

どちらのコード例も<input>の値は常にAのままでcheckedの状態のみが変化します。

9.7 フォーム要素のname属性

　Reactではフォーム要素のname属性はあまり重要ではありません。管理されたフォーム要素の場合、値はstateとして保持され、また、フォームのsubmitイベントはReactにより横取りされるので、name属性はフォームの値にアクセスするために必要ではありません。管理されていないフォーム要素においても、ref属性を使えば要素に直接アクセスすることができます。

　しかしながら、フォームのコンポーネントにおいてname属性が欠かせない場面もあります。

- フォームをシリアライズするサードパーティのプラグインをReactと一緒に使用する場合、name属性が必要になる
- submitイベントを横取りせずにブラウザに処理を任せる場合、name属性が必要になる
- ブラウザのオートコンプリート機能はユーザーのメールアドレスなどを提示するためにname属性を使用する
- 管理されていないラジオボタンの場合、同じname属性を持つ要素同士は同時にひとつしか選択されないというのがデフォルトの動作。管理されたラジオボタンでは、イベントハンドラでそれらの処理を行うことで同様の動作を実現する

　以下のコードは上記の管理されていないラジオボタンのデフォルト動作をイベントハンドラで実現したものです。ここではname属性はいっさい使われていません。

```js
var MyForm = React.createClass({
  getInitialState: function () {
    return {
      radio: "B"
    };
  },
  handleChange: function (event) {
    this.setState({
      radio: event.target.value
    });
  },
  submitHandler: function (event) {
    event.preventDefault();
    alert(this.state.radio);
  },
  render: function () {
    return <form onSubmit={this.submitHandler}>
        <input
          type="radio"
          value="A"
          checked={this.state.radio == "A"}
          onChange={this.handleChange} /> A
        <br />
        <input
          type="radio"
          value="B"
          checked={this.state.radio == "B"}
          onChange={this.handleChange} /> B
        <br />
        <input
          type="radio"
          value="C"
          checked={this.state.radio == "C"}
          onChange={this.handleChange} /> C
        <br />
        <button type="submit">送信</button>
      </form>;
  }
});
```

9.8　複数のフォーム要素とchangeイベントハンドラ

　管理されたフォーム要素を作成する際に、すべての要素に対してchangeイベントハンドラを記述するのは苦痛です。幸いなことに、Reactでchangeハンドラを再利用する方法がいくつか存在します。リスト9-1とリスト9-2に例を示します。

リスト9-1　bind経由でイベントハンドラに追加の引数を渡す

```
var MyForm = React.createClass({
  getInitialState: function () {
    return {
      given_name: "",
      family_name: ""
    };
  },
  handleChange: function (name, event) {
    var newState = {};
    newState[name] = event.target.value;
    this.setState(newState);
  },
  submitHandler: function (event) {
    event.preventDefault();
    var words = [
      "Hi",
      this.state.given_name,
      this.state.family_name
    ];
    alert(words.join(" "));
  },
  render: function () {
    return <form onSubmit={this.submitHandler}>
        <label htmlFor="given_name">名：</label>
        <br />
        <input
          type="text"
          name="given_name"
          value={this.state.given_name}
          onChange={this.handleChange.bind(this,'given_name')} />
        <br />
        <label htmlFor="family_name">姓：</label>
        <br />
        <input
          type="text"
          name="family_name"
          value={this.state.family_name}
          onChange={this.handleChange.bind(this,'family_name')} />
        <br />
        <button type="submit">送信</button>
      </form>;
  }
});
```

リスト9-2　イベントハンドラ内でDOMノードのname属性を参照する

```
var MyForm = React.createClass({
  getInitialState: function () {
    return {
      given_name: "",
      family_name: ""
    };
  },
  handleChange: function (event) {
    var newState = {};
    newState[event.target.name] = event.target.value;
    this.setState(newState);
  },
  submitHandler: function (event) {
    event.preventDefault();
    var words = [
      "Hi",
      this.state.given_name,
      this.state.family_name
    ];
    alert(words.join(" "));
  },
  render: function () {
    return <form onSubmit={this.submitHandler}>
        <label htmlFor="given_name">名：</label>
        <br />
        <input
          type="text"
          name="given_name"
          value={this.state.given_name}
          onChange={this.handleChange} />
        <br />
        <label htmlFor="family_name">姓：</label>
        <br />
        <input
          type="text"
          name="family_name"
          value={this.state.family_name}
          onChange={this.handleChange} />
        <br />
        <button type="submit">送信</button>
      </form>;
  }
});
```

リスト9-1とリスト9-2は非常によく似ていますが、同じ問題を解決するために異なる手法をとっています。また、Reactがアドオン[*1]として提供するReact.addons.LinkedStateMixinというMixinもまた、同じ問題を異なる手法で解決します。

React.addons.LinkedStateMixinを使用するコンポーネントにはlinkStateというメソッドが追加されます。linkStateメソッドはstateの名前を受け取り、valueとrequestChangeというふたつのプロパティを持つオブジェクトを返します。

返されたオブジェクトのvalueプロパティは「this.state.指定された名前」の現在の値を保持します。もう一方のrequestChangeプロパティは、指定された値でstateを更新する関数です。

```
this.linkState('given_name');

// 上記の linkState メソッド呼び出しにより返される値
{
  value: this.state.given_name,
  requestChange: function (newValue) {
    this.setState({given_name: newValue});
  }
}
```

linkStateメソッドにより返されたオブジェクトは、valueLinkというReact独自の属性値として指定します。input要素のvalueLink属性にオブジェクトを指定した場合、そのオブジェクトのvalueプロパティの値によりinput要素の値が更新されます。そしてそのオブジェクトのrequestChangeプロパティの関数がonChangeのイベントハンドラとして設定されます。

```
var MyForm = React.createClass({
  mixins: [React.addons.LinkedStateMixin],
  getInitialState: function () {
    return {
      given_name: "",
      family_name: ""
    };
  },
  submitHandler: function (event) {
    event.preventDefault();
    var words = [
      "Hi",
      this.state.given_name,
      this.state.family_name
    ];
    alert(words.join(" "));
  },
  render: function () {
```

[*1] 訳注：アドオンについては巻末の付録Aを参照してください。

```
      return <form onSubmit={this.submitHandler}>
        <label htmlFor="given_name">名：</label>
        <br />
        <input
          type="text"
          name="given_name"
          valueLink={this.linkState('given_name')} />
        <br />
        <label htmlFor="family_name">姓：</label>
        <br />
        <input
          type="text"
          name="family_name"
          valueLink={this.linkState('family_name')} />
        <br />
        <button type="submit">送信</button>
      </form>;
  }
});
```

フォームの入力値を親コンポーネントのstateとして保持する場合、React.addons.LinkedStateMixinを使用することでコードがとてもシンプルになります。データフローは他の管理されたフォームの例とまったく同じになります。

しかしながら、データフローを細かく制御したい場合、このMixinを使うとかえって複雑になってしまいます。そのような場合は、先述の管理されたフォームの手法がより柔軟で確実と言えます。

9.9　カスタムフォームコンポーネント

アプリケーション内の共通機能を再利用するために、独自にカスタマイズしたフォームのコンポーネントを作成することは極めて高度な手法です。また、この手法はチェックボックスやラジオボタンなどの複雑なコンポーネントのインタフェースを改善するためにもよく使用されます。

カスタムフォームコンポーネントを作成する際に気をつけることは、他のフォームコンポーネントとインタフェースを合わせることです。そうすることでコードの可読性が高まり、そのコンポーネントがどのように動作するか内部の実装に目を通さなくても理解できるようになります。

ここでReactの<select>コンポーネントと同じインタフェースをラジオボタンを使用して実装してみましょう。ラジオボタンのコンポーネントは複数選択をサポートしないので、このコンポーネントではmultiple属性はサポートしません。

```
var Radio = React.createClass({
  propTypes: {
    onChange: React.PropTypes.func
  },
```

```
    getInitialState: function () {
      return {
        value: this.props.defaultValue
      };
    },
    handleChange: function (event) {
      if (this.props.onChange) {
        this.props.onChange(event);
      }
      this.setState({
        value: event.target.value
      });
    },
    render: function () {
      var children = {};
      var value = this.props.value || this.state.value;

      React.Children.forEach(this.props.children, function (child, i) {
        var label = <label>
            <input
              type="radio"
              name={this.props.name}
              value={child.props.value}
              checked={child.props.value === value}
              onChange={this.handleChange} />
            {child.props.children}
            <br />
          </label>;

        children['label' + i] = label;
      }.bind(this));

      return <span>{children}</span>;
    }
  });
```

　上記のコードは管理されたコンポーネントの実装ですが、このコンポーネント自体は管理されたコンポーネントと管理されていないコンポーネントの両方をサポートするインタフェースを備えます[*1]。

　最初に、上位コンポーネントから onChange が指定された場合、それは必ず関数であることを propTypes で宣言しています。次に、上位コンポーネントから与えられた defaultValue で state を初期化しています。

　そして render メソッドが呼び出されるたびに、子コンポーネントとして与えられた option 値

---

*1　訳注：React.Children.forEach 関数については巻末の付録Bを参照してください。

に基づいてラベルとラジオボタンを新たに作成します。また、ここでchildrenというオブジェクトに子コンポーネントごとに異なるキーを設定して、render呼び出しごとに同じキーが使用されるようにしています[*1]。そうすることにより、Reactはrender呼び出しごとに<input>要素を破棄せずに再利用してくれます。また、キーボードで入力した場合にフォーカスが正しく管理されます。

最後にvalue、name、checked、onChangeイベントハンドラを設定して描画しています。

```
// 管理されていないコンポーネントの例
var MyForm = React.createClass({
  submitHandler: function (event) {
    event.preventDefault();
    alert(this.refs.radio.state.value);
  },
  render: function () {
    return <form onSubmit={this.submitHandler}>
      <Radio ref="radio" name="my_radio" defaultValue="B">
        <option value="A">選択肢A</option>
        <option value="B">選択肢B</option>
        <option value="C">選択肢C</option>
      </Radio>
      <button type="submit">送信</button>
    </form>;
  }
});
```

このコンポーネントを管理されていないコンポーネントとして使用する場合、Reactの<select>コンポーネントとインタフェースが若干異なる箇所があります。上記のコード例ではRadioコンポーネントにrefを設定していますが、ここでthis.refs.radioに対してReact.findDOMNode()を呼び出した場合、現在選択されている<input>要素ではなく<span>が返されます。

しかしながら、このコンポーネントは値をstateとして保持しているので、DOMノードにアクセスしなくてもstateに直接アクセスすれば現在の値が取得できます。

```
// 管理されたコンポーネントの例
var MyForm = React.createClass({
  getInitialState: function () {
    return {my_radio: "B"};
  },
  handleChange: function (event) {
    this.setState({
      my_radio: event.target.value
    });
  },
```

[*1] 訳注：このように子ノードをオブジェクトで渡すスタイルは将来的にサポートされなくなる予定です。v0.13からは配列で渡すかReact.addons.createFragment(children)のようにしなければ警告が出力されます。

```
    submitHandler: function (event) {
      event.preventDefault();
      alert(this.state.my_radio);
    },
    render: function () {
      return <form onSubmit={this.submitHandler}>
          <Radio name="my_radio"
             value={this.state.my_radio}
             onChange={this.handleChange}>
            <option value="A">選択肢A</option>
            <option value="B">選択肢B</option>
            <option value="C">選択肢C</option>
          </Radio>
          <button type="submit">送信</button>
        </form>;
    }
  });
```

一方、管理されたコンポーネントとして使用する場合、このコンポーネントはReactの`<select>`コンポーネントとまったく同じ動作をします。onChangeに渡されるイベントオブジェクトは現在選択されている`<input>`要素から受け取ったイベントオブジェクトをそのまま渡しているだけなので、通常のイベントと同様に値を参照することが可能です。

練習として、先に紹介したReact.addons.LinkedStateMixinを使った実装にもチャレンジしてみてください。上記のコンポーネントとともにvalueLink属性を設定することでonChangeハンドラが不要になります。

9.10 フォーカス

フォームへのフォーカス設定はユーザーが次にとるべき行動を明確に伝える良い方法です。また、フォーカスによりユーザーの操作手順が減り、使いやすくなる場合もあります。この章の後半でユーザビリティについて詳しく説明します。

Reactのフォームが表示されるタイミングはブラウザのページロード時とは限らないため、HTMLのフォームのフォーカスの挙動と若干異なります。ReactでautoFocus属性に"true"を設定した場合、コンポーネントが最初に表示されるときに他にフォーカスを持った入力がなければ、そのコンポーネントにフォーカスが移ります。これはHTMLのautoFocus属性の動作とほぼ同じです。

```
//jsx
<input type="text" name="given_name" autoFocus="true" />
```

また、手動でフォーカスを設定したい場合は、DOMノードにアクセスしてfocus()メソッドを直接呼び出します。

9.11 ユーザビリティ

Reactにより開発者の生産性は飛躍的に改善しますが、これは開発者にとって良い面ばかりではありません。

Reactのおかげで簡単にコンポーネントを記述できるため、使いにくいUIを安易に作成してしまう可能性があります。例えばonClickによるフォームの提出には対応しているけれども、キーボードでの操作を考慮していないコンポーネントが考えられます。HTMLのフォームのデフォルトの動作はEnterキーが提出ボタンに割り当てられているので、キーボードに対応していなければユーザビリティは低下します。

しかし、それと同時にReactで優れたユーザビリティを持つコンポーネントを容易に作成することも可能です。コンポーネントを開発する前に、どのようにすればコンポーネントが使いやすくなるかを考えるだけでよいのです。

この章の残りでは、使いやすいフォームを設計するためのベストプラクティスを紹介します。これらは、特にReactに限ったものではありません。

9.11.1 要求を明確に伝える

意味を正しく伝えるということはアプリケーション全体において重要ですが、フォームにおいてはさらに重要になります。

HTMLのラベルはフォームの要素が何を期待しているのか伝える役割を果たします。また、ラベルはラジオボタンやチェックボックスとともに使用されます。

入力例を表示したり、未入力時のデフォルト値を表示するために、placeholder属性が使用される場合があります。このplaceholder属性を使って入力可能な文字列をヒントとして表示するのが一時期流行しました。しかし、placeholderの文字列はユーザーが一文字でも入力すると消えてしまいます。これでは不便なので、一般的にヒントは要素の横にラベルとして表示するか、入力値が要求を満たしていない場合にポップアップ表示するほうがよいでしょう。

9.11.2 入力に即座に反応する

先述の「要求を明確に伝える」の結果として生じる問題ですが、ユーザーの入力に対してどれだけ即座に反応できるかというのは非常に重要な問題です。

入力値のバリデーションがこの問題の好例です。入力エラーを即座に表示することがユーザビリティの改善につながることは周知の事実です。初期のWebアプリケーションでは、サーバー側で入力値をチェックしていたので、入力値の誤りはフォームをすべて入力して提出するまでわかりませんでした。ですので、ブラウザ側でリアルタイムに入力値のチェックができるようになったことは、ユーザビリティにおいて大きな進歩であると言えます。入力エラーを表示する最善のタイミングはinput要素のblurイベント発生時です。

また、処理中であることをユーザーに表示することも重要です。特に時間のかかる操作において

これは必須です。スピナーやプログレスバー、通知メッセージなどを使用して、アプリケーションがフリーズしていないことをユーザーに示すようにしましょう。ユーザーは基本的にせっかちですが、アプリケーションが処理中であることを示すだけでユーザーの忍耐力は劇的に改善します。

トランジションやアニメーションもまた、ユーザーに何が起きているか伝える効果があります。それらはアプリケーション内で何か変化が起きたことを通知する有効な手段となります。Reactでアニメーションを利用する方法については10章を参照してください。

9.11.3 パフォーマンス

Reactは非常に強力なレンダリングエンジンです。DOMの更新が原因でアプリケーションの動作が遅い場合、Reactを使用することでパフォーマンスが改善されます。しかしながら、アプリケーションの動作が遅くなる原因はDOMの更新以外にもさまざまなものがあります。

トランジションはこの最たる例です。アプリケーションを操作するたびにいちいち長いトランジションが発生して、それが完了するまで次の操作を行えないとすれば、ユーザーをイライラさせることになります。

そのほかにもネットワークの遅延など、外的要因がアプリケーションのパフォーマンスに影響を与える可能性があります。それらにどのように対処するかというのは、アプリケーション固有の問題です。また、サードパーティのサービスなどは自身でコントロールできない場合もあります。少なくともユーザーの要求に対して、今どのような状況であるかフィードバックを与えることが重要です。

パフォーマンスについて注意しなければいけないことは、速度というのはあくまでも相対的かつ体感的なものであるということです。つまり、実際の処理時間が短いかどうかよりも、速いように「見える」ことのほうが重要です。例えば、ユーザーが「いいね」ボタンを押した際に、実際にサーバーに対してAJAX経由でリクエストを送信するよりも先に「いいね」のカウンターを更新するほうが、見た目の反応は速く感じられます。それにより、もしAJAXの通信に時間がかかったとしても、その遅延はユーザーの目に触れることはありません。ただ、この方法は、通信が結果的にエラーとなった場合、カウンターを元に戻さないと一貫性が損なわれてしまうという別の問題が生じます。

9.11.4 予測可能であること

アプリケーションがどのように動作するかについて、ユーザーはあらかじめ何らかの予想を立てます。その予想はユーザーのこれまでの経験に基づくものであり、多くの場合、まったく異なるアプリケーションの使用経験からくるものです。

使用中のアプリケーションが自身の使用しているプラットフォームの一部であるかのように見える場合、ユーザーはそのアプリケーションがプラットフォームのデフォルトの動作に準拠していることを期待します。

このことを念頭に置いて、アプリケーション開発者のとるべき態度はふたつあります。プラット

フォームのデフォルト動作に準拠するか、ユーザーの操作をまったく異なったものにするかのどちらかです。

一貫性もまた、アプリケーションの動作を予測可能なものにするために重要です。アプリケーションのすべての箇所において操作方法が一貫していれば、ユーザーは効率良く使用方法を学ぶことができます。これはすなわち、アプリケーションの動作するプラットフォームの標準動作に準拠することを意味します。

9.11.5 アクセシビリティ

ユーザーインタフェースを構築する際に、アクセシビリティはしばしば開発者やデザイナーによって見過ごされますが、すべての点においてユーザーの立場で考えることが重要です。すでに述べましたが、ユーザーはアプリケーションがどのように動作するかについて、あらかじめなんらかの予想を立てます。そしてその予想はユーザーの過去の体験から導き出されます。

ユーザーの入力方法もまた、過去の体験から導き出されます。ハンディキャップを持つ人々は、キーボードやマウスなどの入力デバイスを使用することができない場合があります。また、ディスプレイやスピーカーなどの出力デバイスを使用できない場合もあります。

すべてのデバイスに対応するというのは現実的ではありませんが、ユーザーの要求や好みを理解して部分的に対応することは重要です。

アプリケーションのアクセシビリティをテストするための最も良い方法は、試しに単一の入力デバイス、例えばキーボードのみ、もしくはマウスのみ、もしくはタッチのみを使用してアプリケーションを操作してみることです。それにより、その入力デバイス固有の問題が浮き彫りになります。

視覚にハンディキャップを持つユーザーの場合、どのようにアプリケーションを操作すればよいでしょうか。画面読み上げソフトウェアであるスクリーンリーダーは、そのようなユーザーのためのディスプレイです。

HTML5のAccessible Rich Internet Applications（ARIA）は、スクリーンリーダーのようなデバイスが必要とするセマンティックな表現が定義された仕様です。それにより、開発者はUIコンポーネントの役割についてヒントを与えたり、スクリーンリーダーが起動しているときにコンポーネントの存在をどのように表現するか指定することが可能になります。

Google Chromeの拡張機能であるAccessibility Developer Toolsのようなツールを使うことで、開発者はアプリケーションのアクセシビリティを高めることができます。

9.11.6 入力項目数の削減

ユーザーが入力すべきデータ量を減らすことで、アプリケーションのユーザビリティを向上させることができます。ユーザーの入力が少なければ少ないほど、間違いや考える時間が減るからです。

先の「パフォーマンス」でもそうでしたが、入力項目についても、実際の項目数よりもユーザーがどう感じるかが重要になります。たくさんの入力項目を持つ巨大なフォームを見ると、ユーザーは面倒だと感じ、萎縮してしまいます。一方、入力項目を複数の小さいフォームに分けて、より扱

いやすいサイズにすることで、あたかも入力項目が減ったかのように見せることができます。また、そうすることで、ユーザーはより入力に集中することが可能です。

　オートコンプリート機能もまた、ユーザーのデータ入力を減らすための有効な手段です。ブラウザのオートコンプリート機能を使うことで、ユーザーは住所や支払い情報を繰り返し入力しなくてもよくなります。オートコンプリートを正しく動作させるには、<input>要素に特定の名前を使用しなければいけません。

　オートコンプリート機能はユーザーの入力を手助けするので、結果的に先述の「入力に即座に反応する」に直結します。例えば映画のタイトルのスペルを間違えて入力しても、オートコンプリート機能によってユーザーは即座に気づくことができます。

　また、過去の入力データから入力値を予測することも、結果的に入力を減らすことにつながります。例えば、ユーザーがクレジットカード情報を入力する際に、最初の4桁の数字を入力した時点で、そのカードのタイプを自動的に選ぶというような処理です。これは入力を減らすことに加えて、入力が正しいことをユーザーに対してフィードバックする目的も果たします。

　さらに、オートフォーカスを使うことで、簡単にフォームのユーザビリティを向上させることができます。オートフォーカスによりユーザーの入力位置は自動的に変更されるので、ユーザーは自身でフォーカスを移動しなくても済みます。この機能のおかげで、ユーザーは素早く入力を開始することができます。

9.12　まとめ

　Reactでは、フォームの状態管理はDOMではなくコンポーネントで行われます。そうすることでフォーム要素の動作を完全に制御することができ、また、アプリケーション固有の複雑なコンポーネントを作成することが可能となります。

　フォームはアプリケーション内で最も複雑な操作を必要とするため、フォームの設計時にはユーザビリティに配慮することが重要になります。

　次の章ではReactコンポーネント内でアニメーションを使うことでアプリケーションをより魅力的にする方法について説明します。

10章
アニメーション

9章までの説明でReactコンポーネントを複雑に組み合わせてアプリケーションを構築する方法は理解できたと思います。次はアプリケーションを洗練されたものにするための方法について説明します。アニメーションはユーザー体験を滑らかで自然なものにする効果があります。Reactが提供するCSSTransitionGroupというアドオンをCSS3とともに使用することで、簡単にアプリケーションにアニメーションを追加することができます。

ブラウザのアニメーションは、初期の頃は命令的（imperative）な手法で行われていました。つまり、DOM要素に直接アクセスして座標値などのスタイルを絶え間なく更新することでアニメーションの効果を実現していました。しかしながら、この手法はReactのコンポーネント描画方式にそぐわないため、ReactではCSSアニメーションを使用した、より宣言的（declarative）な手法がとられています。

CSSTransitionGroupはCSSアニメーションを使ったトランジション[1]を簡単に行うためのアドオンです。内部的にはrenderメソッド呼び出しの中で適切にCSSのクラスを追加したり削除したりすることでアニメーションを実現しています。開発者が行うことは、それらのクラスごとにCSSのスタイルを定義するだけです。

一方、CSSを使わずにJavaScriptのタイマーを使用してアニメーションを行うことも可能です。その場合、CSSに比べてさらに柔軟なコントロールが可能になりますが、アニメーションの負荷はより高くなります。再描画の負荷は高くなるものの、スクロールのアニメーションやCanvas描画など、CSSでは実現できないようなアニメーションを実現できます。

10.1 CSSを用いたアニメーション

本書のサンプルアプリケーション（SurveyBuilder）では、質問のリストを描画する部分でトランジションが使用されています（図10-1）。

---

[1] 訳注：表示物をある状態から別の状態に継ぎ目なく遷移させるUIエフェクト。

10章　アニメーション

図10-1 ReactCSSTransitionGroup

```
// client/app/components/survey_editor.js
var React = require('react/addons');
...
var ReactCSSTransitionGroup = React.addons.CSSTransitionGroup;
...
<ReactCSSTransitionGroup transitionName='question'>
  {questions}
</ReactCSSTransitionGroup>
```

ReactCSSTransitionGroupはCSSTransitionGroupアドオンに含まれるコンポーネントを変数に代入したものです。

このコンポーネントはトランジションの適用対象となるコンポーネントのグループを表し、子コンポーネントが追加／削除されるたびに自動的にCSSスタイルを切り替えてアニメーションを実現します。

10.1.1　トランジションのクラスごとにスタイルを記述する

コンポーネントのtransitionName属性の値に基づいて、4つのCSSクラス名が作成されます。この例では、transitionName属性は'question'なので、question-enter、question-enter-active、question-leave、question-leave-activeの4つのクラスが作成されます。CSStransitionGroupアドオンは子コンポーネントが追加／削除されるたびに自動的にこれらのクラスを切り替えます。

以下は本書のサンプルアプリケーション（SurveyBuilder）で定義されたトランジションのスタイルです。

```css
.survey-editor .question-enter {
  transform: scale(1.2);
  transition: transform 0.2s cubic-bezier(.97,.84,.5,1.21);
}

.survey-editor .question-enter-active {
  transform: scale(1);
}

.survey-editor .question-leave {
  transform: translateY(0);
  opacity: 0;
  transition: opacity 1.2s, transform 1s cubic-bezier(.52,-0.25,.52,.95);
}

.survey-editor .question-leave-active {
  opacity: 0;
  transform: translateY(-100%);
}
```

ここで.survey-editorのセレクタは、サンプルアプリケーションのエディタ画面で定義されたCSSクラス名です。CSSTransitionGroupアドオンとは関係ありません。

10.1.2 トランジションのライフサイクル

question-enterとquestion-enter-activeの違いは、question-enterクラスは子コンポーネントが追加されたときに適用され、その後すぐに（次のアニメーションフレームで）question-enter-activeクラスが適用されます。これによりトランジション開始時と終了時のスタイル、およびそれらの間をどのように遷移するかを定義することができます。

例えば質問がリストに追加された場合、最初は拡大された状態（scale(1.2)）から始まり、0.2秒後に通常の大きさ（scale(1)）に遷移します。これにより、まるで部屋に入るようなアニメーションの効果が得られます。

デフォルトでは追加／削除の両方のアニメーションが有効になっていますが、transitionEnter={false}もしくはtransitionLeave={false}を設定することで、片方もしくは両方を無効にすることができます。これらは上位のコンポーネントからprop経由で設定することも可能です。

```
<ReactCSSTransitionGroup transitionName='question'
  transitionEnter={this.props.enableAnimations}
  transitionLeave={this.props.enableAnimations}>
  {questions}
</ReactCSSTransitionGroup>
```

10.1.3 よくある過ち

CSSTransitionGroupアドオンを使用するにあたって注意しないといけないことがふたつあります。

ひとつ目は、leaveのアニメーションが完了するまで子コンポーネントは削除されないということです。例えば、コンポーネントのリストをトランジショングループに追加してスタイルを指定しなかった場合、それらのコンポーネントは削除されません。

ふたつ目は、子コンポーネントのkey属性[*1]はトランジションのグループ内でユニークでなければいけません。key属性の値はコンポーネントがいつ追加／削除されたかを知るために使用されるので、子コンポーネントがユニークなkeyを持っていなければ、アニメーションが失敗したり、コンポーネントが削除されないという問題が発生します。

たとえグループに子コンポーネントがひとつしか存在しなかったとしても、key属性が設定されていなければいけません。

10.2 タイマーを用いたアニメーション

CSS3のアニメーションは少ないコードでパフォーマンスの良いアニメーションを記述できる点で優れていますが、常に正しい選択というわけではありません。CSSアニメーションをサポートしていない古いブラウザに対応したい場合や、CSSのプロパティ以外のもの、例えばスクロールのアニメーションやCanvas描画などを扱いたい場合は、タイマーを使用してアニメーションを行う必要があります。タイマーを使用したアニメーションは、一般的にCSS3のアニメーションよりもパフォーマンスが劣ります。

タイマーを用いたアニメーションでは、コンポーネントのstateが定期的に更新されます。stateはアニメーションのタイムラインの中での現在位置を保持します。そしてrenderメソッドの中でこのstateの値を参照することで、アプリケーションは適切なアニメーションのフレームを描画することができます。

この方式は頻繁な再描画を伴うので、タイマーのAPIとして一般的に効率的とされているrequestAnimationFrameが使用されます。ただしrequestAnimationFrameが使用できない、もしくは使用が好ましくない場合は、効率の点で劣るsetTimeoutを使用するしかありません。

10.2.1 requestAnimationFrameを使ったアニメーション

タイマーを用いてdiv要素が画面上を横切るアニメーションを実装してみましょう。それにはまず、position: absoluteに設定して、要素のスタイルのleftとtopの値を時間の経過とともに更新します。requestAnimationFrameのコールバック関数の中で経過時間を計算してstateを更新することで、なめらかなアニメーションの効果が得られます。

[*1] 訳注：key属性については11章を参照してください。

10.2 タイマーを用いたアニメーション

以下がサンプル実装です。

```javascript
var Positioner = React.createClass({
  getInitialState: function () { return {position: 0}; },

  resolveAnimationFrame: function () {
    var timestamp = new Date();
    var timeRemaining = Math.max(0,
      this.props.animationCompleteTimestamp - timestamp);

    if (timeRemaining > 0) {
      this.setState({position: timeRemaining});
    }
  },

  componentWillUpdate: function () {
    if (this.props.animationCompleteTimestamp) {
      requestAnimationFrame(this.resolveAnimationFrame);
    }
  },

  render: function () {
    var divStyle = {left: this.state.position};

    return <div style={divStyle}>この要素が動きます</div>
  }
});
```

上記のコンポーネントではpropsのanimationCompleteTimestampに終了時刻が設定されており、それから現在時刻を引き算することで経過時間を計算しています。計算結果はthis.state.positionとして保持され、renderメソッド内でdivの画面内の位置を決定するのに使用されます。

requestAnimationFrameはcomponentWillUpdateハンドラの中で呼び出されています。componentWillUpdateは、コンポーネントのpropsが変更されるか、もしくはthis.setStateが呼び出された場合に必ず呼び出されます。そして、requestAnimationFrameのコールバック関数内でthis.setStateが呼び出されています。つまり、ひとたびanimationCompleteTimestampの値がセットされると自動的にrequestAnimationFrameが呼ばれ、現在時刻がanimationCompleteTimestampを上回るまで繰り返し呼び出されます。

このサンプルコードは経過時間に基づいて動作します。animationCompleteTimestampと現在時刻の差分をthis.state.positionに格納し、その値をそのままdiv要素の位置として使用しています。同様に、renderメソッドを変更することで、this.state.positionを用いたスクロールのアニメーションやCanvas描画など、さまざまなアニメーションを行うことができます。

10.2.2　setTimeoutを使ったアニメーション

requestAnimationFrameは少ないオーバーヘッドで滑らかなアニメーションの効果を得られますが、古いブラウザはサポートされていません。また、絶え間なく呼び出されるのが煩わしい場合もあります。そのような場合はsetTimeoutを使いましょう。

```
var Positioner = React.createClass({
  getInitialState: function () { return {position: 0}; },

  resolveSetTimeout: function () {
    var timestamp = new Date();
    var timeRemaining = Math.max(0,
      this.props.animationCompleteTimestamp - timestamp);

    if (timeRemaining > 0) {
      this.setState({position: timeRemaining});
    }
  },

  componentWillUpdate: function () {
    if (this.props.animationCompleteTimestamp) {
      setTimeout(this.resolveSetTimeout, this.props.timeoutMs);
    }
  },

  render: function () {
    var divStyle = {left: this.state.position};

    return <div style={divStyle}>この要素が動きます</div>
  }
});
```

requestAnimationFrameがタイマー発火のタイミングを自身で決定するのに比べて、setTimeoutは発火時間を明示的に指定できます。そのため、このサンプルコードではthis.props.timeoutMsを使ってタイマーのインターバルを設定しています。

オープンソースのライブラリである「React Tween State」(https://github.com/chenglou/react-tween-state)はこれらの処理を抽象化することで、汎用的なアニメーションのAPIを提供します。

10.3　まとめ

この章ではReactを使った以下のアニメーションについて学びました。

- CSSTransitionGroupアドオンを用いたアニメーション
- requestAnimationFrameを用いたアニメーション

- `setTimeout`を用いたアニメーション

次の章ではReactにおけるパフォーマンスチューニングについて解説します。

11章
パフォーマンスチューニング

Reactの差分描画のアルゴリズムは非常に優れているので、たとえUI全体を入れ替えたとしても実際のDOMの描画は最小限に抑えられます。しかしながら、深くネストしたコンポーネントなど、デリケートなチューニングが必要な場面では、仮想DOMの不要な入れ替えを避けることによりアプリケーションのパフォーマンスが改善します。この章ではReactコンポーネントの簡単な設定により、アプリケーションのパフォーマンスを改善する手法を紹介します。

11.1 shouldComponentUpdate

コンポーネントが更新された場合、つまり新しいpropsを受け取るか、setStateもしくはforceUpdateが呼び出された場合、Reactはそのコンポーネントと子コンポーネントに対してrenderメソッドを呼び出します。たいていの場合はそれで問題ありませんが、コンポーネントのツリーが深くネストしている場合や、renderの処理が複雑な場合、すべてのコンポーネントのrenderメソッドを呼び出すことはアプリケーションの動作速度の低下を招くことがあります。

コンポーネントのrenderメソッドは無駄に呼び出される場合があります。例えば、コンポーネントがstateやpropsをいっさい持っていない場合でも、あるいはstateやpropsがいっさい変更されていない場合でも、親コンポーネントが再描画された場合、renderメソッドは呼び出されてしまいます。その結果、現在の仮想DOMオブジェクトを破棄して、わざわざまったく同じ内容のオブジェクトを新たに作成するという、無駄な処理が走ることになります。

これを避けるため、ReactコンポーネントはshouldComponentUpdateというライフサイクルメソッドを提供します。shouldComponentUpdateを定義して、Reactにコンポーネントのrenderメソッドを本当に呼び出す必要があるか教えるのです。

shouldComponentUpdateは真偽値を返します。falseを返した場合、Reactはコンポーネントのrenderメソッドを呼び出さずに、すでに描画された仮想DOMオブジェクトを引き続き使用します。shouldComponentUpdateはデフォルトでtrueを返すので、このメソッドを定義しなかった場合は常にrenderが呼び出されます。また、コンポーネントの初回の描画時は

shouldComponentUpdateは呼び出されません。

　shouldComponentUpdateは引数として新しいpropsとstateを受け取るので、それらの情報をもとに再描画すべきかどうか決めることができます。

```
var SurveyEditor = React.createClass({
  shouldComponentUpdate: function (nextProps, nextState) {
    return nextProps.id !== this.props.id;
  }
});
```

　もしコンポーネントが「ピュア」つまり同一のpropsとstateに対して常に同じ内容のDOMを描画するのであれば、Reactが提供するアドオンReact.addons.PureRenderMixinが使えます。

　このMixinはshouldComponentUpdateを上書きしてpropsとstateの内容を比較し、異なっていればtrueを返し、一致していればfalseを返します。

　本書のサンプルアプリケーション（SurveyBuilder）においても、いくつかの「ピュア」コンポーネントでReact.addons.PureRenderMixinを使用しています。以下はEditEssayQuestionコンポーネントのコードですが、Mixinを定義するだけで自動的に上記の比較処理が追加されます。

```
var EditEssayQuestion = React.createClass({
  mixins: [React.addons.PureRenderMixin],

  render: function () {
    var description = this.props.question.description || "";

    return (
      <EditQuestion type='essay' onRemove={this.handleRemove}>
        <label>説明</label>
        <input type='text' className='description'
          value={description} onChange={this.handleChange} />
      </EditQuestion>
    );
  },
  // ...
});
```

　しかしながら、propsやstateが複雑なオブジェクトである場合、比較そのものの処理が重くなる可能性があります。これを和らげるため、イミュータブルなデータ構造[*1]を使用するか、もしくは次の節で説明するヘルパー関数を使用します。

[*1] 訳注：イミュータブルなデータ構造とは、作成後にその状態を変えることのできないデータ構造です。

11.2 イミュータビリティヘルパー関数

イミュータブルなデータ構造を使用することで、shouldComponentUpdateメソッドのオブジェクト比較処理の負荷が軽減される場合があります。

Reactがアドオンとして提供するReact.addons.updateというヘルパー関数を使えば、簡単にイミュータブルなデータ構造を使用することができます。例えばサンプルアプリケーションの<SurveyEditor>コンポーネントをReact.addons.updateを使用して書き直すと以下のようになります。

```javascript
var update = React.addons.update;

var SurveyEditor = React.createClass({
  // ...

  handleDrop: function (ev) {
    var questionType = ev.dataTransfer.getData('questionType');
    var questions = update(this.state.questions, {
      $push: [{ type: questionType }]
    });

    this.setState({
      questions: questions,
      dropZoneEntered: false
    });
  },

  handleQuestionChange: function (key, newQuestion) {
    var questions = update(this.state.questions, {
      $splice: [[key, 1, newQuestion]]
    });

    this.setState({ questions: questions });
  },

  handleQuestionRemove: function (key) {
    var questions = update(this.state.questions, {
      $splice: [[key, 1]]
    });

    this.setState({ questions: questions });
  }

  // ...

});
```

React.addons.update関数は第一引数にオブジェクトもしくは配列を受け取り、オプションで第二引数にハッシュオブジェクトを受け取ります。ハッシュのプロパティに指定できるコマンドは`$splice`, `$push`, `$unshift`, `$set`, `$merge`, `$apply`です。

11.3 ボトルネックを調べる方法

先の節でも述べていますが、コンポーネントにshouldComponentUpdateメソッドを定義することでアプリケーションを最適化することができます。

では、どのコンポーネントにshouldComponentUpdateを定義するのが最も効果的なのでしょうか？ React.addons.Perfがその答えを教えてくれます。

React.addons.PerfはReactが提供するアドオンで、処理のボトルネックを調査するために使用できます。では早速、サンプルアプリケーション（SurveyBuilder）の<SurveyEditor>のページで使用してみましょう。

まず、Google ChromeブラウザでサンプルアプリのSurveyEditor>のページを表示した状態で、Developer Toolsのコンソールを開き、React.addons.Perf.start();と打ち込んで実行してください。これにより、プロファイルデータの取得が始まります。その状態でしばらくアプリケーションのUIを操作してから、React.addons.Perf.stop();を実行することでプロファイルデータの取得を終了します。その後さらにReact.addons.Perf.printWasted();を実行すると、図11-1のようなプロファイル結果が表示されます。

```
> React.addons.Perf.printWasted()
  (index)    Owner > component              Wasted time (ms)     Instances
  0          "ReactTransitionGroup >...     51.088000007439405   86
  1          "SurveyEditor > Draggab...     19.280999898910522   28
  2          "SurveyEditor > SurveyF...     10.835000139195472   28
  3          "DraggableQuestions > M...     8.496999624185264    84
  4          "SurveyEditor > ReactCS...     7.958000060170889    6
  5          "AddSurvey > SurveyEdit...     3.349000005982816    1
  6          "SurveyEditor > Divider"       2.7780000236816704   28
  7          "EditMultipleChoiceQues...     2.5900001055561006   34
  8          "SurveyForm > ReactDOMT...     2.0920000970363617   28
  9          "SurveyForm > ReactDOMI...     1.800999918486923    28
  10         "SurveyEditor > ReactDO...     1.7349999397993088   28
Total time: 136.04 ms                                           ReactDefaultPerf.js:99
                                                                ReactDefaultPerf.js:106
```

図11-1 プロファイル結果1

結果画面の「Wasted time」はrenderが呼び出されたにもかかわらず、実際のDOMの内容は変更されなかった、つまり無駄な処理にかかった時間をコンポーネントごとに集計したものです。最上位の<ReactTransitionGroup>コンポーネントはCSSアニメーションで描画処理を行っているため、先述のパフォーマンスチューニングの手法は適用できません。しかしながら2番目の<DraggableQuestions>は通常のコンポーネントであるため、shouldComponentUpdateを定

義することでパフォーマンス改善することが大いに期待できます。<DraggableQuestions>コンポーネントはpropsもstateも持たないので、単純にshouldComponentUpdateで常にfalseを返すようにすればよいのです。

```
var DraggableQuestions = React.createClass({
  render: function () {
    return (
      <ul className="modules list-unstyled">
        <li><ModuleButton text='Yes / No' questionType='yes_no' /></li>
        <li><ModuleButton text='多肢選択'
          questionType='multiple_choice' /></li>
        <li><ModuleButton text='散文形式' questionType='essay' /></li>
      </ul>
    );
  },

  shouldComponentUpdate: function () {
    return false;
  }
});
```

この変更により、コンポーネントのrenderメソッドは初回のみ呼び出されて、それ以降はいっさい呼び出されなくなります。再度プロファイルデータを取得してみると、<DraggableQuestions>コンポーネントはWasted timeのリストから姿を消しています（**図11-2**）。

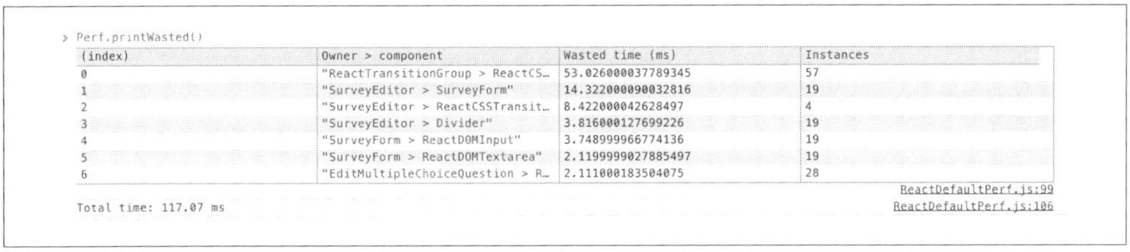

図11-2　プロファイル結果2

11.4　key属性

key属性はコンポーネントのリストにおいてよく使われます。key属性を指定することで、Reactはコンポーネントのクラスだけでなく、さらに細かくインスタンスを識別することが可能です。key属性は不要な処理を避けるために使用されます。例えば、<div key="foo">のように定義されたコンポーネントがあったとして、key属性の値が後ほど"bar"に変更された場合、Reactは差分計算を行わずに、即座に子コンポーネントも含めたすべての仮想DOMオブジェクトを破棄

し、一から描画し直します。

　サブツリー全体を描画し直す必要があることがわかっている場合、上記の方法により無駄な差分計算をスキップすることが可能です。このようにノードを破棄するタイミングをReactに伝える以外にも、key属性はリストの要素の順番が変わったことをReactに伝えるために使用される場合があります。実際、後者の目的で使用されることのほうが多いです。例えば、以下はリストの要素をソートして表示するコンポーネントです。

```
render: function () {
  var items = sortBy(this.state.sortingAlgorithm, this.props.items);
  return items.map(function (item) {
    return <img src={item.src} />;
  });
}
```

　上記コードでitemsの順番が変更された場合、Reactはリスト全体に対して前回のrender呼び出し時とのDOMの差分を計算して、最終的に変更された部分に対してのみ、img要素のsrc属性を設定します。しかしながら、この処理は非効率と言えます。なぜなら、必要なimg要素はすでにDOMツリーに存在しているにもかかわらず、src属性を設定することでブラウザは再びキャッシュから画像を読み出し、もし見つからなければHTTPの通信が発生するからです。

　このような事態を避けるため、リスト内でユニークな文字列もしくは数値をkey属性に設定します。

```
return <img src={item.src} key={item.id} />;
```

　これにより、Reactはkey属性をもとにリストの要素の順番だけが変更されたことを知ることができるので、img要素のsrc属性を設定する代わりにinsertBeforeを実行して、単純にDOMノードを移動します。

11.4.1　制限事項

　key属性は同一階層のコンポーネント、つまり同一の親を持つコンポーネント間でユニークでなければいけません。言いかえれば、リストの要素が現在の親コンポーネントのリストとは別のリストに移動した場合、Reactはその同一性を追跡できません。

　リストの順番が変更された場合と同様、リストに要素が挿入された場合もkey属性が参照され、既存の要素は破棄されることなく再利用されます。key属性を正しく設定していなかった場合、挿入された位置より後ろの<img>要素はすべて破棄され再作成されます。

　また、注意すべき点として、key属性は見た目は他の属性と同じであるにもかかわらず、コンポーネントの内部からpropsの値として参照できません。

11.5 まとめ

この章では以下について説明しました。

- `shouldComponentUpdate`を使用してパフォーマンスを改善する方法
- `React.addons.Perf`を使用して不要な`render`呼び出しを特定する方法
- `key`属性を使用してReactの処理を最小化する方法

これまでReactをブラウザで使用する前提で説明してきましたが、次の章ではサーバーサイドでReactを実行することでIsomorphic JavaScript（クライアントとサーバーでJavaScriptコードを共有する開発形態）を実現する方法について説明します。

12章
サーバーサイドレンダリング

シングルページアプリケーションはクライアントサイドでHTMLページを作成するので、検索エンジンのインデックスの対象になりません。また、JavaScriptのロードが完了してからページを作成するので、初回のページ表示が遅いという問題があります。サーバーサイドレンダリングはこれらの問題に対する有効な解決策となりえます。

Reactは仮想DOMの方式をとっているため、サーバーサイドレンダリングが可能です。Reactのコンポーネントはいったん仮想DOMとして出力されてから実際のDOMに反映されます。この仮想DOMは単なるメモリ上のデータ構造なので、ブラウザ以外の環境、例えばNode.jsなどでも使用可能です。つまり、サーバーサイドでは仮想DOMを実際のDOMに反映する代わりにHTML文字列として出力すれば、同じReactコンポーネントをクライアントとサーバーで共用することができます。

Reactはサーバーサイドレンダリング用にReact.renderToStringおよびReact.renderToStaticMarkupというふたつの関数を提供します。

サーバーサイドレンダリングに対応する場合、あらかじめさまざまなことを考慮してコンポーネントを設計する必要があります。以下に考慮すべき項目を挙げます。

- renderToStringとrenderToStaticMarkupのどちらの関数を用いるか
- コンポーネントで非同期データをどのように扱うか
- アプリケーションの初期値をどのようにしてクライアントに渡すか
- サーバーとクライアントにおける利用可能なライフサイクルメソッドの違い
- サーバーとクライアントにおいてルーティングをどのように共通化するか
- シングルトンオブジェクト使用時の注意点

12.1 サーバーサイドにおける描画関数

サーバーサイドでReactコンポーネントを描画する場合、通常のReact.renderは使用できません。Reactにはサーバーサイドレンダリング用のrender関数がふたつあります。

12.1.1 React.renderToString

ひとつ目はReact.renderToStringです。おそらくほとんどの場合、この関数を使うことになります。

React.renderとの違いは、第二引数のターゲットDOMが不要であることと、戻り値としてHTML文字列を返すことです。この関数は同期呼び出し（呼び出しがブロックされる関数）であり、非常に速く動作します。

```
var MyComponent = React.createClass({
  render: function () {
    return <div>Hello World!</div>;
  }
});

var world = React.renderToString(<MyComponent />);

// 出力結果 (実際は改行されず1行で出力されます)
<div
  data-reactid=".fgvrzhg2yo"
  data-react-checksum="-1663559667"
>Hello World!</div>
```

出力結果を見ると、Reactがふたつの独自データ属性（data-reactidおよびdata-react-checksum）を追加していることがわかります。

data-reactid属性はReactがブラウザの環境でDOMノードを特定するために使用されます。stateやpropsの値が変化した場合に、ReactはどのDOMノードを更新するかdata-reactid属性をもとに決定します。

もう一方のdata-react-checksum属性はサーバーサイドレンダリングの場合にのみ追加されます。その名前のとおり、作成されたDOMのチェックサムを値として保持します。Reactはブラウザでこの属性値を参照して、サーバーサイドで作成されたDOMが再利用できるかどうか判断します。data-react-checksum属性はルートの要素に対してのみ追加されます。

12.1.2 React.renderToStaticMarkup

サーバーサイドレンダリングのもうひとつの関数はReact.renderToStaticMarkupです。
この関数はReact.renderToStringと異なり、出力に独自データ属性を含んでいません。

```
var MyComponent = React.createClass({
  render: function () {
    return <div>Hello World!</div>;
  }
});

var world = React.renderToStaticMarkup(<MyComponent />);

// 出力結果
<div>Hello World!</div>
```

12.1.3 どちらの関数を使うべきか

これらのrender関数はそれぞれ別の目的を持っており、用途に合わせて使い分ける必要があります。

まず、`React.renderToStaticMarkup`はサーバーサイドで描画したReactコンポーネントをブラウザで再描画しないことがわかっている場合にのみ使用してください。

これには以下のような用途が考えられます。

- HTMLメールの作成
- 作成したHTMLを後でPDFに変換する
- コンポーネントのテスト

ほとんどの場合はもう一方の`React.renderToString`を使うことになります。Reactは`data-react-checksum`属性の値を使って、サーバーサイドで作成されたHTMLをクライアントサイドで再利用すべきかどうか判断します。再利用する場合はそのHTMLはすでにブラウザで描画済みなので、DOMの作成処理とそれをドキュメントへ挿入する処理が省略できます。これにより、特に複雑なサイトではページの初期表示までの応答時間が著しく改善されます。

作成するReactコンポーネントの内容がサーバーとクライアントの間でまったく同じであることは特に重要です。`data-react-checksum`の値がクライアントで取得した値と一致しない場合、Reactはすでに描画済みのDOMを破棄して、新たにDOMノードを作成してドキュメントに挿入します。結果的にサーバーサイドレンダリングによるパフォーマンスの恩恵はほとんど得られません。

12.2 サーバーサイドにおけるコンポーネントのライフサイクル

コンポーネントを文字列として出力する場合、renderより後のライフサイクルメソッドは呼び出されません。特に注意しないといけないのは、`componentDidMount`と`componentWillUnmount`はサーバーサイドでは呼び出されないということです。一方、`componentWillMount`はサーバー

／クライアントのいずれの場合でも呼び出されます。

　サーバーとクライアントの両方で動作するコンポーネントを設計する場合、これらを考慮に入れる必要があります。具体的には、イベントリスナーの定義において、コンポーネントの終了を通知するライフサイクルメソッドは存在しない前提で設計します。

　言いかえれば、componentWillMountの中で登録されたイベントリスナーやタイマーは、対となるcomponentWillUnmountが呼び出されないため、登録解除の機会が与えられず、結果的にサーバーサイドにおいてメモリリークを引き起こす可能性があります。

　この問題に対するベストプラクティスは、イベントリスナーやタイマーは常にcomponentDidMountで登録して、componentWillUnmountで解除することです。

12.3　クライアントとサーバーの両方で使えるコンポーネントの設計

　サーバーサイドレンダリングにおいて考慮すべき点として、アプリケーションの初期値をどのようにしてクライアント側に渡すかという問題があります。この問題に対処するには、常にサーバーサイドレンダリングを念頭に置いてコンポーネントを設計しなければいけません。

　具体的には、同一のpropsとstateが与えられた場合、常に同じ内容を出力するようにコンポーネントを設計することで、コンポーネントはテストしやすくなり、また、サーバーとクライアントで同じ出力結果を保証することが可能です。先ほども述べましたが、出力結果が一致しない場合、サーバーサイドレンダリングによるパフォーマンスの恩恵は得られません。

　例えばランダムな数値を表示するコンポーネントがあったとします。このコンポーネントをサーバーとクライアントで共有する場合、出力結果が毎回異なるので、チェックサムが一致しないという問題が生じます。

```
var MyComponent = React.createClass({
  render: function () {
    return <div>{Math.random()}</div>;
  }
});

var result = React.renderToStaticMarkup(<MyComponent />);
var result2 = React.renderToStaticMarkup(<MyComponent />);

//result
<div>0.5820949131157249</div>

//result2
<div>0.420401572631672</div>
```

　そこで、ランダムな数値を外部からpropsとして受け取るようにコンポーネントを変更します。こうすることで、サーバーサイドで使用した初期値をなんらかの方法でクライアントに渡せばサー

バーとクライアントで同一の出力結果が得られます。

```
var MyComponent = React.createClass({
  render: function () {
    return <div>{this.props.number}</div>;
  }
});

var num = Math.random();

// サーバー
React.renderToString(<MyComponent number={num} />);

// クライアント (サーバー側と同じ num 値を使用)
React.render(<MyComponent number={num} />, document.body);
```

サーバーからクライアントへ初期値を渡す方法はたくさんあります。

最も簡単な方法はJavaScriptのオブジェクトとして初期値を渡す方法です。以下の出力例では、initialPropsという変数に初期値を格納してクライアントに渡しています。

```
<!DOCTYPE html>
<html>
<head>
<meta charset="utf-8">
<title>サーバーサイドレンダリングの例</title>
<!-- bundle.jsはMyComponentとReactを含む -->
<script type="text/javascript" src="bundle.js"></script>
</head>
<body>
<!-- MyComponentをサーバーサイドレンダリングした結果 -->
<div data-reactid=".fgvrzhg2yo" data-react-checksum="-1663559667">
0.5820949131157249</div>

<!-- サーバーサイドレンダリングに使用した初期値をクライアントへ渡す -->
<script type="text/javascript">
  var initialProps = {"num": 0.5820949131157249};
</script>

<!-- クライアントでinitialPropsを参照する -->
<script type="text/javascript">
  var num = initialProps.num;
  React.render(<MyComponent number={num} />, document.body);
</script>
</body>
</html>
```

12.4 非同期データ

多くのアプリケーションにおいて、データの取得元はデータベースやWebサービスなどのリモートのデータソースになります。クライアントサイドのReactでは、これはまったく問題ありません。非同期にデータを取得している間、ロード中のUIを表示するようなコンポーネントを実装すれば事足りるからです。一方、サーバーサイドのrender関数は同期呼び出しなので、Reactで直接この振る舞いを実現することはできません。サーバーサイドで非同期データを使用する場合、まずデータを取得して、そのコールバック関数でコンポーネントを描画します。実際にそのようなアプリケーションを実装してみましょう。

アプリケーションの要求例

- ユーザー情報を非同期データとして取得し、それをコンポーネントの初期値として使用したい。

かつ

- SEOとパフォーマンスの理由から、初回のユーザー情報の取得とコンポーネントの描画をサーバーサイドで行いたい。

かつ

- 以降ユーザー情報が更新された場合、クライアントサイドで再描画を行いたい。

問題点

サーバーサイドのReact.renderToString関数は同期呼び出しなので、コンポーネントのライフサイクルメソッドを使って非同期データの取得を行うことはできません。

解決策

非同期データを取得する処理をstaticsメソッド[*1]として定義します。取得した非同期データをコンポーネントの初期値（props.initialState）としてクライアントに渡します。クライアント側ではライフサイクルメソッド経由で非同期データの変更を監視し、変更があった場合staticsメソッドを使用してデータを再取得します。

```
var Username = React.createClass({
  statics: {
    getAsyncState: function (props, setState) {
      User.findById(props.userId)
        .then(function (user) {
          setState({user:user});
        })
        .catch(function (error) {
          setState({error: error});
        });
```

[*1] 訳注：staticsについては付録Bを参照してください。

12.4 非同期データ

```
    }
  },
  // クライアント/サーバー両方でサポートされている
  componentWillMount: function () {
    if (this.props.initialState) {
      this.setState(this.props.initialState);
    }
  },
  // クライアントでのみサポートされている
  componentDidMount: function () {
    // データが props に存在しなければ非同期に取得する
    if (!this.props.initialState) {
      this.updateAsyncState();
    }
    // データの変更を監視する
    User.on('change', this.updateAsyncState);
  },
  // クライアントでのみサポートされている
  componentWillUnmount: function () {
    // データの監視を止める
    User.off('change', this.updateAsyncState);
  },
  updateAsyncState: function () {
    // インスタンスメソッドから static メソッドへアクセスする
    this.constructor.getAsyncState(this.props, this.setState);
  },
  render: function () {
    if (this.state.error) {
      return <div>{this.state.error.message}</div>;
    }
    if (!this.state.user) {
      return <div>ロード中...</div>;
    }
    return <div>{this.state.user.username}</div>;
  }
});

// サーバーサイドレンダリング

var props = {
  userId: 123 // 通常はルーターから取得する
};

Username.getAsyncState(props, function (initialState) {
  props['initialState'] = initialState;
  var result = React.renderToString(<Username {...props}>);

  // result と initialState をクライアントに渡す
});
```

上記のコードではサーバーサイドで非同期データをあらかじめ取得しています。クライアントサイドでは初回描画時のみ、サーバーから渡された initialState の値をそのまま使用します。そして、以降クライアントで（pushState やハッシュ付き URL により）ページが再ロードされた場合、サーバーから受け取った initialState を無視して新たにデータを取得し直します。さらにデータ取得中はロード中のメッセージを表示します。

12.5　Isomorphic ルーティング

　ある程度の規模のアプリケーションになると、ルーティングのフレームワークが不可欠になります。Isomorphic な（同型の）ルーティングとは、ここではサーバーとクライアントで同じ API を提供するルーターを使ってルーティングを行うことを指します。既存のルーターを使ってサーバーサイドで React コンポーネントを描画する場合、そのルーターは DOM の API に依存していないことが重要です。

　非同期データの取得はルーターのハンドラで行います。例えば、深くネストしたコンポーネントのツリーにおいて、末端のコンポーネントがなんらかのデータを props として要求しているとします。そのデータが SEO の観点から重要なデータであった場合、データはルーターのハンドラで非同期に取得して、トップレベルのコンポーネントから末端のコンポーネントへ順番に渡してあげる必要があります。それにより、サーバーとクライアントの両方のシナリオに対応できます。逆にそのデータが SEO の観点から重要でない場合は、ルーターのハンドラではなくコンポーネントの componentDidMount メソッドで AJAX でデータを取得すればよいのです。その場合、データの取得は常にクライアントで処理されます。

　React と併用するルーターを選定する際には、ルーターのハンドラで非同期にデータを取得してレンダリングすることが可能か十分注意してください。さらに理想を言えば、非同期データ initialState をクライアントに渡す方法がルーターにより提供されていれば完璧です[*1]。

12.6　シングルトンオブジェクト

　クライアントサイドにおいては、Web アプリケーションのインスタンスは隔離されています。個々のインスタンスは別々のクライアント、つまり異なるコンピュータか、同一コンピュータのサンドボックス環境内で実行されています。そのため、アプリケーションのアーキテクチャにおいて、シングルトンパターンを適用することはなんら問題がありません。

　ところがサーバーサイドでは事情が異なります。サーバーにおいては、Web アプリケーションのインスタンスが複数同時に実行され、それらのインスタンスが同一のスコープを共有することが可能です。これはつまり、ふたつのインスタンスがシングルトンオブジェクトの状態を同時に変更

[*1]　訳注：ルーティングについては16章も参照。

することで、予期せぬ結果を招く可能性があるということを意味します。

　Reactの描画関数は同期呼び出しなので、描画する前にシングルトンオブジェクトを必ずリセットするようにすればそのような問題は発生しません。ただ、非同期データがシングルトンオブジェクトの状態に依存している場合、描画時に非同期データが予期せぬ値になってしまう可能性があります。

　これを根本的に解決するには、描画のたびにシングルトンオブジェクトをリセットするのではなく、アプリケーションを隔離されたコンテキストで実行します。ContextifyのようなNodeのパッケージを使えば、アプリケーションのコードの一部を異なるコンテキストで実行することが可能になります。それはクライアントにおけるWeb Workersとよく似ています。Contextifyは渡されたコードをV8の異なるインスタンスで実行します。それぞれのインスタンスは独自のグローバルコンテキストを持ち、ひとたびコードがロードされると、そのコンテキスト内で関数を実行することができます。これによりクライアントと同じようにシングルトンオブジェクトを占有することが可能になりますが、リクエストのたびにV8のインスタンスを作成するのでパフォーマンスを犠牲にすることになります。

　実行コンテキスト[*1]をコンポーネント間で共有することは、Reactのコア開発チームにより推奨されていません。なぜなら、それによりコンポーネントの移植性は低下し、また、あるコンポーネントの依存関係の変更がコンポーネントツリー全体に影響を及ぼす可能性があるからです。それにより複雑性が増すため、アプリケーションが大規模になるにつれてメンテナンスが困難になります。

　シングルトンパターンを適用するにせよ、隔離された実行コンテキストを使用するにせよ、それぞれの方式ごとにトレードオフがあります。どの方式を選択するか決める際に、アプリケーション固有の要求を十分に考慮する必要が有ります。また、使用しているサードパーティライブラリがどのような構造を持つのか十分に知る必要が有ります。

12.7　まとめ

　サーバーサイドレンダリングはWebアプリケーションのSEOとパフォーマンスの観点から有効な手段となります。Reactのコンポーネントはサーバーとクライアントの両方でのレンダリングが可能です。これをうまく行うには、アプリケーション全体がサーバーサイドでも動作するように設計されている必要があります。

　次の章ではReactとともに語られることが多いライブラリ群について解説します。

[*1]　訳注：つまりthis。

13章
Reactファミリー

React以外にもFacebookはたくさんのフロントエンド開発向けのライブラリやツールを提供しています。それらはReactと完全に独立しており、また、それらを使わなくてもReactのアプリケーションを開発できますが、Reactと併用することで効果を発揮するため、ここで紹介します。

この章では以下のツールを紹介します。

- Jest
- Immutable.js
- Flux

13.1 Jest

JestはFacebookにより開発されたテストランナーです。JestはJasmineをベースに作られているので、`expect(value).toBe(other)`のようなJasmineのアサーションがそのまま使えます。JestはNodeの`require()`関数を書き換えて、すべてのCommonJSスタイルのモジュールをモックに置き換えるので、すべてのコードをテストすることが可能です。また、JestはDOMのAPIのモックを提供するとともに、テストを並列実行するためのNodeのコマンドラインユーティリティが同梱されています。

ここでは読者がすでにJasmineを使ったことがある前提で、以下のトピックについて説明します[1]。

- インストール
- デフォルトのモック
- カスタムモック

---

[1] 訳注：Jasmineについては15章で詳しく説明します。

13.1.1 インストール

開発中のプロジェクトでJestを使用するには、まず__tests__という名前のディレクトリを作成します（ディレクトリ名は設定により変更することができます）。そして__tests__ディレクトリの中に以下のようなスペックファイルを作成します。

```
// __tests__/sum-test.js
jest.dontMock('../sum');

describe('sum', function () {
 it('adds 1 + 2 to equal 3', function () {
   var sum = require('../sum');
   expect(sum(1, 2)).toBe(3);
 });
});

// sum.js (テスト対象のファイル)
function sum(a, b) {
  return a + b;
}
module.exports = sum;
```

次に、Jestをインストールします[*1]。

```
$ npm install jest-cli --save-dev
```

package.jsonに以下のようにテスト用のコマンドを追加してnpm testを実行します。

```
{
 ...
 "scripts": {
   "test": "jest"
 }
 ...
}
```

テストが成功すると以下のように実行結果が表示されます。

```
$ npm test
[PASS] __tests__/sum-test.js (0.015s)
```

[*1] 訳注：ここではローカルディレクトリにpackage.jsonファイルが存在する前提で説明します。package.jsonがない場合はnpm initで作成してください。

13.1.2 デフォルトのモック

デフォルトではJestはNodeのrequire()関数を書き換えることで、すべての依存モジュールをモックに置き換えてしまいます。

ここで、サンプルアプリケーションのTakeSurveyItemコンポーネントをテストする場合を想定してみましょう。

```
// app/components/take_survey_item.js
var React = require('react');
var AnswerFactory = require('./answers/answer_factory');

var TakeSurveyItem = React.createClass({
  render: function () {
    // ...
  },
  getSurveyItemClass: function () {
    return AnswerFactory.getAnswerClass(this.props.item.type);
  }
});

module.exports = TakeSurveyItem;
```

上記コードで、TakeSurveyItemコンポーネントはgetSurveyItemClassメソッド内で依存モジュールとしてAnswerFactoryクラスを使用しています。AnswerFactoryクラス自体は別途自身のスペックファイルでテストされているはずなので、ここで二重にテストする必要はありません。ここでは単にAnswerFactoryの正しいメソッドが呼び出されていることを確認するだけで十分です。

Jestは自動的にすべてのモジュールをモックに入れ替えるため、AnswerFactoryクラスはgetAnswerClassメソッドが呼び出されたかどうかをテストするだけのモックに入れ替わります。一方、テスト対象であるTakeSurveyItemクラスはモックではなく本物のクラスを使用しなければいけません。

以下はスペックファイル内のTakeSurveyItem#getSurveyItemClassをテストするコードです。

```
jest.dontMock('react');
jest.dontMock('app/components/take_survey_item');

var TakeSurveyItem = require('app/components/take_survey_item');
var AnswerFactory = require('app/components/answers/answer_factory');
var React = require('react/addons');
var TestUtils = React.addons.TestUtils;

describe('app/components/take_survey_item', function () {
```

```
    var subject;

    beforeEach(function () {
      subject = TestUtils.renderIntoDocument(
        TakeSurveyItem()
      );
    });

    describe('#getSurveyItemClass', function () {
      it('calls AnswerFactory.getAnswerClass', function () {
        subject.getSurveyItemClass();
        expect( AnswerFactory.getAnswerClass ).toBeCalled();
      });
    });
  });
```

まず、`jest.dontMock()`で Jest に対して React 本体と `TakeSurveyItem` コンポーネントをモックに入れ替えないように伝えています。これにより、両者はモックではなく実際のコードが実行されます。

そして改めてすべての依存モジュールを require しています。`AnswerFactory` クラスについては `jest.dontMock()` を指定していないため、ここでの require の戻り値はモックとなります。もちろん、`TakeSurveyItem` モジュール内で `AnswerFactory` を require している箇所の戻り値もモックとなります[*1]。

`AnswerFactory` のモックを取得した目的は、`TakeSurveyItem` クラスの `getSurveyItemClass` メソッドが呼び出されたときに、`AnswerFactory.getAnswerClass()` が正しく呼び出されているかテストするためです。ここでは、アサーションに Jasmine/Spy の `toHaveBeenCalled` ではなく、`toBeCalled` が使われています。基本的に Jest は Jasmine の Spy 機能を使わずにモックを実現しますが、Spy と併せて使うことも可能です。

13.1.3　カスタムモック

Jest が提供するモックでは機能が足りない場合、自身で用意したモックライブラリを使用することができます。

先ほどの `AnswerFactory` クラスのモックを他のモックに入れ替えてみましょう。

```
jest.dontMock('react');
jest.dontMock('app/components/take_survey_item');

// TakeSurveyItem を require する前にモックの設定が完了している必要があります。
// さもなければ、TakeSurveyItem 内で require された AnswerFactory は
// ここで設定しているモックと異なったものになります。
```

[*1] 訳注：TestUtils については 15 章で解説します。

```
jest.setMock('app/components/answers/answer_factory', {
  getAnswerClass: jest.genMockFn().mockReturnValue(TestUtils.mockComponent)
});

var TakeSurveyItem = require('app/components/take_survey_item');
var AnswerFactory = require('app/components/answers/answer_factory');
var React = require('react/addons');
var TestUtils = React.addons.TestUtils;

describe('app/components/take_survey_item', function () {
  var subject;

  beforeEach(function () {
    // ...
  });

  describe('#getSurveyItemClass', function () {
    it('calls AnswerFactory.getAnswerClass', function () {
      // ...
    });
  });
});
```

上記コードでは jest.setMock により、AnswerFactory クラスのモックを独自に定義しています。独自定義されたモックでは getAnswerClass の戻り値が TestUtils.mockComponent を返すようにカスタマイズされています[*1]。このモックを他のスペックファイルでも使用する場合は、複数箇所で jest.setMock を呼び出すよりも、共通のファイルを作成するほうが簡単です。その場合、AnswerFactory クラスが定義されているファイル (answer_factory.js) が存在するディレクトリに __mocks__ という名前のディレクトリを作成します。そして __mocks__ ディレクトリの中に同名のファイル (answer_factory.js) を作成し、以下のようにモックを定義します。

```
// app/components/answers/__mocks__/answer_factory.js
var React = require('react/addons');
var TestUtils = React.addons.TestUtils;

module.exports = {
  getAnswerClass: jest.genMockFn().mockReturnValue(TestUtils.mockComponent)
};
```

これにより、スペックファイルで jest.setMock() を呼び出さなくても Jest はこの独自定義されたモックのほうを使用するようになります。

---

*1 訳注：TestUtils.mockComponent は受け取ったコンポーネントをダミー化するユーティリティ関数です。

```
jest.dontMock('react');
jest.dontMock('app/components/take_survey_item');

var TakeSurveyItem = require('app/components/take_survey_item');
var AnswerFactory = require('app/components/answers/answer_factory');
var React = require('react/addons');
var TestUtils = React.addons.TestUtils;

describe('app/components/take_survey_item', function () {
  var subject;

  beforeEach(function () {
    // ...
  });

  describe('#getSurveyItemClass', function () {
    it('calls AnswerFactory.getAnswerClass', function () {
      // ...
    });
  });
});
```

15章でテストについて詳しく説明します。Jestのドキュメント（http://facebook.github.io/jest/）もぜひ参考にしてください。

13.2 Immutable.js

「イミュータブルな」データ構造とは変更できないデータ構造のことを意味します。イミュータブルなデータを変更した場合、通常は元のデータのコピーが作成され、そちらのほうに変更が反映されます。このデータ構造は特にReactおよび後述のFluxと相性が良く、これによりアプリケーションのパフォーマンスとシンプルさの両方が改善されます。

Immutable.jsはJavaScriptの通常のオブジェクトもしくは配列を受け取り、独自のデータ構造に変換したものを返します。このデータ構造は後ほど必要であればJavaScriptの通常のオブジェクトもしくは配列に戻すことも可能です。

13.2.1 Immutable.Map

Immutable.MapはJavaScriptの通常のオブジェクトに取って代わります。

```
var question = Immutable.Map({description: '一番好きなヒーローは？'});
// 値を取得する
question.get('description');
```

```
// 値を変更する
// set は新しいオブジェクトを返す。元のオブジェクトは不変。
question2 = question.set('description', '一番好きな漫画のヒーローは？');

// ふたつのオブジェクトをマージする。
// merge は新しいオブジェクトを返す。元のふたつのオブジェクトは不変。
var title = { title: '質問1' };
var question3 = question.merge(question2, title);
question3.toObject();
// { title: '質問1', description: '一番好きな漫画のヒーローは？' }
```

13.2.2 Immutable.List

Immutable.ListはJavaScriptの通常の配列に取って代わります。

```
var options = Immutable.List.of('Superman', 'Batman');
var options2 = options.push('Spiderman');
options2.toArray(); // ['Superman', 'Batman', 'Spiderman']
```

また、Immutable.MapとImmutable.Listをネストさせることも可能です。

```
var options = Immutable.List.of('Superman', 'Batman');
var question = Immutable.Map({
  description: '一番好きなヒーローは？',
  options: options
});
```

Immutable.MapやImmutable.Listを使う利点として、オブジェクトや配列の比較が速くなることが挙げられます。変更のたびにコピーが作成されるため、厳密等価演算子（===）を使ってオブジェクト同士もしくは配列同士を比較できます。

Immutable.jsは他にもたくさんの機能を持ちます。詳しくはImmutable.jsのサイト（https://github.com/facebook/immutable-js）を参照してください。

13.3 Flux

16章で詳しく説明しますが、FluxはFacebookにより提案されたデザインパターンで、Reactとともに使用されることが多い概念です。Fluxの最も大きな特徴は、厳密に単一方向のデータフローを規定していることです。

FacebookはFluxのリファレンス実装をGitHub（https://github.com/facebook/flux）で公開しています。

Fluxは主に3つのコンポーネントで構成されています。

- Dispatcher
- Store
- View

これらのコンポーネント間の関係は図13-1のようになります。

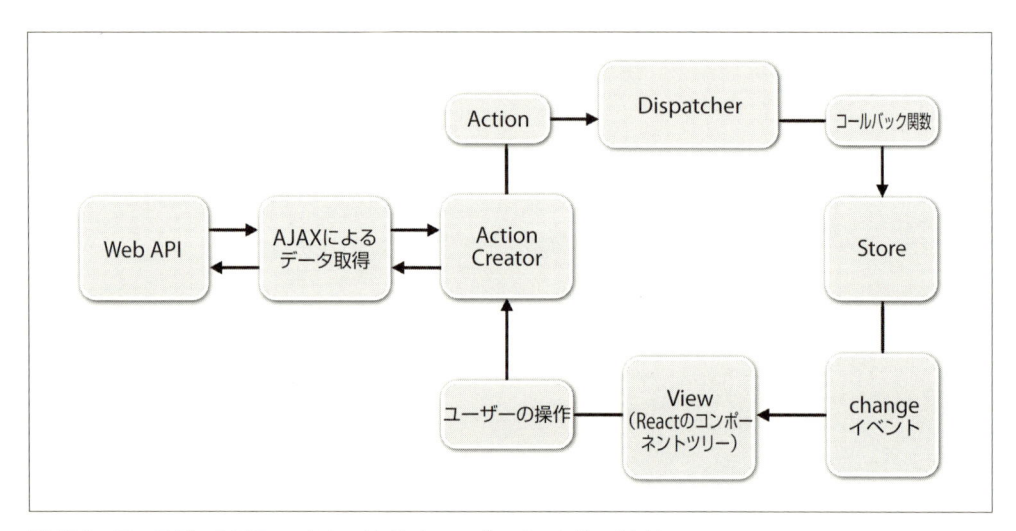

図13-1　Fluxのデータフロー。https://github.com/facebook/flux/ より

Fluxは単なるデザインパターンであり、何にも依存していないので、気に入った部分のみを自由に採用することが可能です。

16章でFluxについてさらに詳しく説明します。

13.4　まとめ

この章では以下について学びました。

- Jestによりユニットテスト時に依存モジュールをモックに置き換える方法
- Immutable.jsを通常のデータ構造の代わりに使用する方法
- FacebookのFluxパターンの概要

次の章ではビルドとデバッグのツールについて説明します。

第Ⅲ部
ツール

… | 129

14章
ビルドとデバッグ

Reactはコンポーネント単位の開発を容易にするため、いくつかの抽象的なレイヤーを設けます。このような抽象化はアプリケーションの状態をより推測可能にする一方で、アプリケーションのデバッグやリリースの作業はより複雑になります。

幸い、アプリケーションのビルドとデバッグを支援する優れたツールが存在するので、この章ではそれらをReactとともに効果的に使用する方法について説明します。

14.1 ビルドツール

ビルドツールは日々の開発で繰り返し実行される一連の処理をできるかぎり簡素化するためのツールです。Reactを使ったアプリケーションの開発において、最も繰り返し実行される処理はJSXのパース処理です。その他、大部分を占める処理として、複数のモジュールをブラウザで実行するために単一もしくは少数のファイルにまとめる(バンドルする)処理があります。

ここでは、JavaScriptのビルドツールとして人気のあるふたつのツール、BrowserifyとWebpackを使用してReactのアプリケーションをビルドする手順を見ていきます。

ちなみに、本書のサンプルアプリケーション(SurveyBuilder)はBrowserifyを使用しています。BrowserifyはJavaScriptのビルドに特化しており、設定ファイルを必要としないため簡単に導入できます。

14.1.1 Browserify

BrowserifyはJavaScriptをパッケージングするためのツールです。Browserifyを使えばNode.jsスタイルの`require()`呼び出しをブラウザでも使えるようになります。Browserifyは単一の機能のみをサポートします。具体的には、`require`されたすべてのモジュールを単一のJavaScriptファイルに連結(バンドル)するだけです。単一のファイルに連結することで、ブラウザで簡単にロードできるようになります。`require()`呼び出しを行っているファイルをBrowserifyに渡せば、自動的にすべての依存ファイルを芋づる式に探し出し、連結して単一のJavaScriptファイルとし

て出力します。

Browserifyは強力なツールですが、JavaScriptしかサポートしません。例えばBowerやWebpackといったツールはJavaScript以外のHTMLやCSSなどにも対応しているので、その点が異なります。

14.1.1.1　Browserifyのインストールと設定

Browserifyを使用するには、まずNodeのプロジェクトを作成します。Nodeとnpmがすでにインストールされている前提で、以下のコマンドでプロジェクトを作成できます。

```
$ npm init
...いくつかの質問に答えてプロジェクトを作成します...
```

npm initを実行するといくつかの質問が表示されます。Enterキーでデフォルト値が選択されるので、最後まで進んでください。すべての質問に回答するとコマンドが完了し、カレントディレクトリにpackage.jsonというファイルが作成されます。さらに以下のコマンドでBrowserifyとその他のツールをインストールしてください。

```
$ npm install --save-dev browserify reactify react uglify-js
```

これにより、カレントディレクトリにnode_modulesというディレクトリが作成され、その中にすべてのツールがインストールされます。また、package.jsonに以下のようなエントリが追加されているはずです。

```
...
"devDependencies": {
  "browserify": "^9.0.3",
  "reactify": "^1.0.0",
  "react": "^0.12.2",
  "uglify-js": "^2.4.16"
}
}
```

さらにpackage.jsonのscriptsの内容を以下のように書き換えてください。また、BrowserifyでReactを使用するための設定をbrowserifyに追加してください[1]。

```
...
"scripts": {
  "build": "browserify --debug index.js > bundle.js",
  "build-dist":
```

---

[1] 訳注：Browserifyはソースコードを変換するためにトランスフォーム（transform）という仕組みを提供します。ここで使用されているreactify以外にもCoffeeScriptをJavaScriptに変換するcoffeeifyなどのトランスフォームモジュールがあります。

```
      "NODE_ENV=production browserify index.js | uglifyjs -m > bundle.min.js"
  },
  "browserify": {
    "transform": ["reactify"]
  }
}
```

上記の設定でscriptsにふたつのタスクを追加しました。デフォルトのビルドタスクbuildはnpm run buildで実行できます。これはソースマップ付きのファイル(bundle.js)を出力します。ソースマップは連結前のファイルと連結後のファイルの行番号の情報を保持するので、これによりブラウザでのデバッグが容易になります。またソースマップにより、コンパイル後のコードではなく、JSXのコードそのものを使ってデバッグできるようになります。

もう一方のプロダクション用のビルドタスクbuild-distでは、環境変数NODE_ENVがproductionに設定されています。これによりソースマップなどのデバッグ情報や詳細なエラーメッセージが削除されるので、uglifyjsによるミニファイの効果と相まって、最終的に出力されるファイル(bundle.min.js)はよりコンパクトで高速に動作します。

さらに、アロー関数やclassのようなECMAScript 6の機能を使用したいのであれば、package.jsonのbrowserifyの設定を以下のように変更することでharmonyオプション(ES6)が有効になります。

```
"transform": [["reactify", {"harmony": true}]]
```

これでビルドの準備は完了しました。次に簡単なReactのアプリケーションを作成して実際にビルドしてみましょう。

14.1.1.2 Reactプロジェクトの作成

以下のReact + JSXファイルを作成してindex.jsという名前で保存してください。

```
var React = require('react');

React.render(<h1>Hello World</h1>, document.body);
```

さらに以下のindex.htmlファイルを追加してください。

```
<!DOCTYPE html>
<html>
  <head>
    <meta charset="utf-8">
    <title>React + Browserify デモ</title>
  </head>
  <body>
    このテキストは見えないはずです
    <script src="bundle.js"></script>
```

```
        </body>
    </html>
```

ルートのディレクトリには現在、以下のファイルおよびディレクトリが存在するはずです。

- index.html
- index.js
- node_modulesディレクトリ
- package.json

この状態でブラウザでindex.htmlファイルを開いてもReactの描画は失敗します（「このテキストは見えないはずです」と表示されます）。これは、まだJavaScriptのビルドを実行していないからです。ビルドするにはnpm run buildを実行します。そして再びブラウザでロードすると「Hello World」の文字が表示されるはずです（図14-1）。

図14-1　Browserifyのビルド結果

14.1.1.3　Watchify

ビルドタスクに加え、watchタスクを追加すると便利です。WatchifyはBrowserifyのラッパーで、依存ファイルの内容が変更されると自動的にビルドを実行して出力ファイルを更新します。Watchifyは再ビルドを高速に実行するためにビルド結果をキャッシュします。それでは、以下の手順でWatchifyをインストールしましょう。

```
$ npm install --save-dev watchify
```

さらにpackage.jsonのscriptsに以下のタスクを追加してください。

```
"watch": "watchify --debug index.js -o bundle.js"
```

npm run buildの代わりにnpm run watchを実行することで、index.jsファイルへの変更が監視され、変更時に自動的にビルドが実行されるようになります。これにより、ファイル編集後にいちいちコマンドを実行しなくてもよくなるため、開発のスピードが向上します。

14.1.1.4　ビルドの実行

最後にプロダクションのビルドタスクを実行してみましょう。

```
$ npm run build-dist
```

ビルド実行により bundle.min.js ファイルが出力されます。ファイルの先頭にはミニファイされた JavaScript が配置され、その後に JSX から JavaScript に変換された React コンポーネントが続きます。このファイルは index.js が依存するすべてのファイルを含んでいます。

14.1.2 Webpack

Webpack も Browserify と同様、JavaScript をパッケージングできます。それに加えて Webpack はさらにたくさんの機能を持ちます。そもそも、Browserify は他のツールと組み合わせての使用を想定して設計されているので、これらふたつを比較することは無意味です。

以下は Webpack がサポートする機能です。

- CSS や画像などのパッケージング
- パッケージングの前処理（LESS、CoffeeScript、JSX など）
- 複数のエントリポイントによる出力ファイルの分割
- フラグによる条件ビルド
- 実行中のモジュール差し替え
- 非同期ロード

Browserify を使用する場合は Grunt や Gulp と併用することでこれらの機能を実現しますが、Webpack は単体で実現可能です。

Webpack はモジュールで構成されており、プラグインを追加／置き換えすることで各種機能をサポートします。デフォルトでは CommonJS スタイルのモジュールをパースするプラグインが有効になっています。

ここでは Webpack のすべての機能を紹介しきれないので、基本機能および React を使用する方法についてのみ説明します。

14.1.2.1 Webpack と React

React によりコンポーネント単位でアプリケーションを開発できます。一方、Webpack は JavaScript だけでなく、CSS や画像など、アプリケーションが必要とするすべてのアセットをバンドルできます。これらを組み合わせることで、自身が依存するアセットを内包するコンポーネントを作成することができます。これにより、アセットはコンポーネントに紐付けられるため、コンポーネントの移植性が高まります。さらにアプリケーションが大規模になるにつれ、あるコンポーネントが使われなくなった場合にその依存アセットも削除されるということは大きな強みになります。それにより、どこからも参照されていない CSS や画像というものは存在しなくなります。

それではまず、依存アセットを持つ React コンポーネントとはどのようなものか見てみましょう。

```js
//logo.js
require('./logo.css');

var React = require('react');

var Logo = React.createClass({
  render: function () {
    return <img className="Logo" src={require('./logo.png')} />
  }
});

module.exports = Logo;
```

さらに、上記のコンポーネントを使用するアプリケーションのエントリポイントのコードを見てみましょう。

```js
//app.js
var React = require('react');
var Logo = require('./logo.js');

React.render(<Logo />, document.body);
```

これらをWebpackを使ってバンドルするには、まず設定ファイルを記述して、ファイルタイプごとにどのローダを使用するかWebpackに伝えます[*1]。また、アプリケーションのエントリポイントとファイルの出力先も指定します。

```js
//webpack.config.js
module.exports = {
  // アプリケーションのエントリポイント
  entry: './app.js',
  output: {
    // ファイルの出力先
    path: './public/build',

    // url-loader でバンドルされたアセットの出力先
    publicPath: './build/',

    // 出力ファイル名
    filename: 'bundle.js'
  },
  module: {
    loaders: [
      {
```

[*1] 訳注：Browserifyにおけるトランスフォームモジュールと同様、Webpackではファイルを変換するモジュールを「ローダ」と呼んでいます。

```
        // 正規表現でファイルタイプを指定する
        test: /\.(js)$/,

        // ローダの種類を指定する
        // ローダへのパラメータはクエリー文字列で指定する
        loader: 'jsx-loader?harmony'
      },
      {
        test: /\.(css)$/,

        // 複数のローダを"!"で接続できる
        loader: 'style-loader!css-loader'
      },
      {
        test: /\.(png|jpg)$/,

        // url-loader はアセットを Base64 エンコーディングでインライン化する
        loader: 'url-loader?size=8192'
      }
    ]
  }
};
```

アプリケーションのコードとWebpackの設定ファイルが用意できたので、次にWebpackとローダをインストールしましょう。ローダはグローバルオプション（-g）を指定せず、ローカルにインストールします。

```
$ npm install -g webpack
$ npm install react url-loader jsx-loader style-loader css-loader
```

インストールできたら早速Webpackでアプリケーションをビルドしてみましょう。

❖開発ビルド
```
$ webpack
```

❖開発ビルド（ソースマップ付き）
```
$ webpack -d
```

❖プロダクションビルド（ミニファイ＋不使用コード削除）
```
$ webpack -p
```

❖インクリメンタルビルド（watch）
```
$ webpack --watch
```

14.2 デバッグツール

どんなに注意していてもバグは発生します。ここでは一般的なJavaScriptのデバッグ手法ではなく、Reactを使用したアプリケーションのデバッグに適したツールを紹介します。

14.2.1 React Developer Tools

まずはGoogle Chromeブラウザを起動して「React Developer Tools」（https://chrome.google.com/webstore/detail/react-developer-tools/fmkadmapgofadopljbjfkapdkoienihi?hl=en）というChrome拡張機能をインストールしてください。このChrome拡張機能は標準のChrome Developer ToolsにReactデバッグ用の機能を追加します。デバッグ対象のアプリケーションはグローバル（windowオブジェクト）にReactという名前でReactライブラリをエクスポートしている必要があります。

```
window.React = require('react');
```

アプリケーションをロードしたら画面上で右クリックし、メニューから［Inspect Element］を選択してください。おなじみの［Elements］タブが表示され、DOMのツリーが参照できるはずです。

ここで参照したいのはDOMではなく、Reactコンポーネントとそのpropsおよびstateです。そこで、一番右にある［React］タブを開いてください（図14-2）。

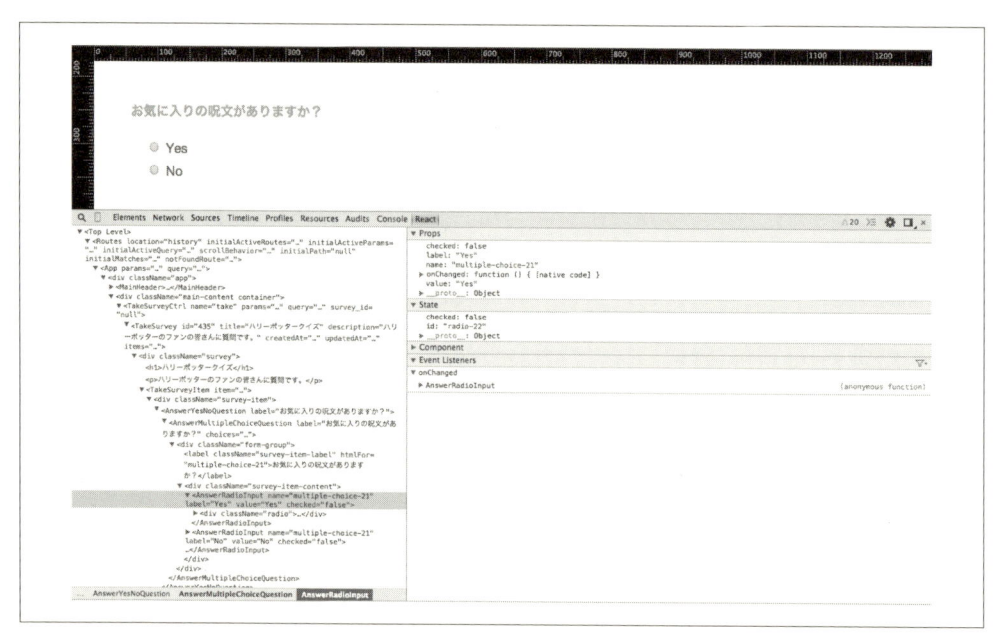

図14-2　React Dev Tools ①

14.2.1.1 displayName

ここで表示されるコンポーネントの名前は`displayName`から取得されます。`displayName`はJSXがJavaScriptに変換される際に、コンポーネントの定義に自動的に追加されます。JSXを使用しない場合は、以下のように`displayName`を手動で定義する必要があります。

```
React.createClass({displayName: "MyComponent", ...});
```

［React］タブの左ペインにはコンポーネントのツリーが表示され、選択したコンポーネントのインスタンスの情報が右ペインに表示されます。

コンポーネントの`state`、`props`、そしてコンポーネントにアタッチされたイベントリスナーなど、たくさんの情報がこのタブでわかります。しかし、React Developer Toolsが提供するのはこれだけではありません（図14-3）。

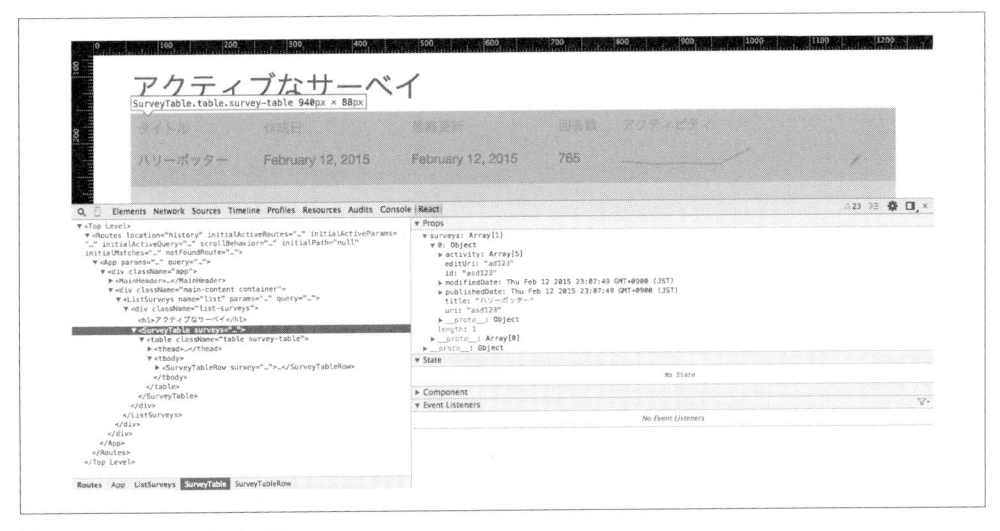

図14-3 React Dev Tools ②

図14-3では`SurveyTable`コンポーネントに`surveys`という配列が`props`として渡されており、その配列はタイムスタンプを要素として持つことがわかります。そして、この値は実際の画面に日付として表示されています。［React］タブ上でこのタイムスタンプをダブルクリックすると、値を編集することができます。試しに新しい値を入力してみると、画面上の日付もその値で更新されます。

このように、React Developer Toolsを使って問題を絞り込むことができます。開発チームに新しいメンバーが加わった場合でも、このツールを使って問題のあるコンポーネントを容易に特定することができるので、すぐにデバッグに参加できます。

14.2.2 JSBinとJSFiddle

デバッグやブレインストーミングにおいて、JSFiddleやJSBinのようなオンラインのデモサイトは非常に有用なツールです。技術的な質問をする際や、プロトタイプやテストケースを他のエンジニアと共有する際にはぜひ使ってください。

14.3 まとめ

この章ではReactを使って開発をする際に、ビルドやデバッグのツールがいかに役立つか説明しました。次の章ではReactを使ったアプリケーションのテストについて詳しく説明します。

15章
テスト

ここまでで、Reactを使ったWebアプリケーションの開発のほぼすべてを学びました。次に、大規模なアプリケーションを作成する際に必要となるデザインパターンについて説明しますが、その前に立ち止まって少し考えてみましょう。アプリケーションの開発初期は、ただひたすらコードを書くだけで、生産性について気にしなくても特に問題は発生しません。しかしある程度開発が進むと、よほど注意しないかぎり、気がつけば手がつけられないくらいコードが複雑になってしまっていた、という状況に陥りがちです。こういった状況に陥らないための最も有効な手段は、自動化されたテストです。テストの自動化は、通常はテスト駆動開発（TDD）のワークフローを導入することで実現されます。TDDによりコードはモジュール化され、変化に強くなるので、より安全にコードベースを変更できるようになります。

> **JavaScriptのテストの経験**
> この章で扱う内容は、初心者にとっては少し難しいかもしれません。しかし、心配は無用です。JavaScriptのテストの経験のない読者の方にもわかるよう丁寧に説明することを心がけました。紙幅の都合上、JavaScriptのテスト手法を網羅することはできませんが、必要に応じてWebなどで調べながら読み進めてください。

15.1 はじめに

「社内には優秀なQAチームがいるので開発者がテストを知る必要はないのでは？」と考えてこの章を読み飛ばそうとする方がいるかもしれませんが、それは間違っています。テストの導入は、バグやリグレッションを検出すること以上に有益な効果をもたらします。実はテストの真の効果は「より良いコードを書けるようになる」ということなのです。たいていの場合、汚いコードはテストすることが困難です。しかし、コードを書くのと同時にテストも書くようにすれば、自然と読

みやすいコードになります。テストを書くことで知らず知らずのうちに『単一責任の原則』(http://blog.8thlight.com/uncle-bob/2014/05/08/SingleReponsibilityPrinciple.html) や『デメテルの法則　』(http://www.ccs.neu.edu/research/demeter/demeter-method/LawOfDemeter/paper-boy/demeter.pdf) などの法則に従うこととなり、結果的にはコードがモジュールに分けられてきれいになるからです。

　テスト駆動開発（Test Driven Development、TDD）というのは、「赤、緑、リファクタリング」の順番で進める開発スタイルを指します。つまり、開発者はまずテストを書きます。当然、アプリケーションの実装自体がまだ存在しないため、このテストは失敗します（テスト結果＝赤色）。そして次にアプリケーションのコードを書いて、テストを成功させます（テスト結果＝緑）。さらにコードを改善するために変更を加えます（リファクタリング）。変更のたびにテストを実行し、緑色を保つようにすることで、リグレッションを防ぐことができます。この開発スタイルでは、テスト単位で機能を段階的に実装するため、個々の実装サイクルは短くなり、さらにテストがパスするたびにはっきりとしたフィードバックが得られます。

15.1.1　テストの種類

　さて、テストの重要性を理解できたと思いますので、この章で取り上げる2種類のテスト―― ユニットテストとE2Eテスト ―― について説明します。そのほかにも結合テスト、パフォーマンステスト、セキュリティテスト、ビジュアルテストなど（https://www.youtube.com/watch?v=1wHr-O6gEfc）たくさんの種類のテストがありますが、本書では取り上げません。

ユニットテスト
: アプリケーションの最小の機能単位ごとに行うテストです。通常、これは関数ごとのテストになります。ある入力値で関数を呼び出し、出力値もしくは副作用が正しいかチェックします。

E2Eテスト
: エンドユーザーの視点でアプリケーションの振る舞いを検証するテストです。Webアプリケーションの場合、これは実際にブラウザでページを開いて、ユーザーが行うようにクリックしたりフォームを入力したりします。

　これだけを聞くと骨の折れる作業のように聞こえますが、実際にテストを実施してみれば、テストがパスするのを見るのは意外と楽しいことがわかります。

15.1.2　テストツール

　幸いなことに巷にはJavaScriptのテストツールが数多く出回っているので、それらを使えばすぐにテストを書くことができます。以下に、本書で使用するツールおよび一般的に使用されているツールをソフトウェアスタックごとにまとめました。

- ユニットテスト（クライアントサイド）：Jasmine、Karma
  - その他のツール：Mocha、Chai、Sinon、Vows.js、QUnit
- ユニットテスト（サーバーサイド）：Mocha、SuperTest
  - その他のツール：クライアントサイドと同じ（追加でjasmine-node）
- E2Eテスト：CasperJS
  - その他のツール：Nightwatch.js、Zombie.js、その他Seleniumベースのもの（Capybara、Waitrなど）

それでは、実際にテストを書いてみましょう。

15.2　初めてのテスト：renderメソッド

renderメソッドはReactコンポーネントを作成するにあたって唯一実装が義務づけられているメソッドです。まずはこのrenderメソッドに対してテストを書いてみましょう。テストのために<HelloWorld>というコンポーネントを作成します。<HelloWorld>は<h1>Hello World!</h1>タグを出力するだけの単純なコンポーネントです。TDDの方法論に従い、<HelloWorld>コンポーネントの実装よりもまず先にテストを書きます。テストは「スペックファイル」と呼ばれるJavaScriptのファイルに記述されます。

```
// test/client/fundamentals/render_into_document_spec.js
var React = require("react/addons");
var TestUtils = React.addons.TestUtils;

describe("HelloWorld", function () {
});
```

上記のコードはJasmineを使ったユニットテストのテンプレートであり、すべてのユニットテストで使用されます。では1行ずつ見ていきましょう。

```
var React = require("react/addons");
var TestUtils = React.addons.TestUtils;
```

まず、require("react")ではなく、require("react/addons")となっている部分に注目してください。これによりアドオン付きのReactが取得されます。この章ではReact.addons.TestUtilsというアドオンを使用します[*1]。

```
describe("HelloWorld", function () {
});
```

[*1] 訳注：アドオンについては巻末の付録Aを参照してください。

これはJasmineのdescribeブロックで、自身がHelloWorldモジュールのテストスイートであることを表しています。describeブロックの中にテストを記述します。

スペックファイルのテンプレートができたので、早速HelloWorldコンポーネントのテストを書いてみましょう。まず、何も考えずにテストを書くとすれば、React.render(<HelloWorld>, someDomElement)のようにコンポーネントを描画し、描画結果に対してなんらかのアサーションを記述するでしょう。ところが、この方法ではReactの高性能なレンダリングが邪魔をして、うまくテストできないのです。

テストにおけるrenderメソッド

ユニットテストでReact.render()を使うと、後続のテストが前のテストの影響を受けてしまう場合があります。それにより成功するはずのテストが失敗したり、また逆に失敗するはずのテストが成功したりするようになります。

これは同一のコンポーネントクラスのインスタンスをなるべく再利用しようとするReactの性質によるもので、すでに描画されているコンポーネントはページから削除されずに再利用されます。この性質はパフォーマンスの観点から見ると優れていますが、テストにおいては好ましくありません。

テストにおいてコンポーネントを描画するにはReact.renderの代わりにReact.addons.TestUtils.renderIntoDocumentを使います。この関数は唯一の引数としてコンポーネントを受け取ります。React.renderでは2番目の引数としてコンポーネントの挿入先となるDOM要素を指定していましたが、renderIntoDocumentではこれは必要ありません。その代わり、コンポーネントはテスト用の特別なDOM要素に挿入されます。このDOM要素はメモリ上にのみ存在し、ページとは切り離されています。

スペックファイルのdescribeブロックにテストを書いていきましょう。まずはコンポーネントの描画をテストするためのコードを追加します。

```
...
describe("HelloWorld", function () {
  describe("renderIntoDocument", function () {

    it("should render the component", function () {
      TestUtils.renderIntoDocument(<HelloWorld></HelloWorld>);
    });
  });
});
```

describeブロックの中にitブロックが追加されました。itブロックはJasmineの「スペック」で、ここにユニットテストを記述します。とりあえずコンポーネントを描画するコードのみを書いてテストを実行してみましょう。テストを実行するためのツール（テストランナー）にはたくさん

のオープンソースのプロジェクトがありますが、ここではGoogleにより開発されているKarmaを使います。Karmaを使えば、複数のブラウザでテストを実行し、結果を集計して表示するということが簡単に実現できます。サンプルアプリケーションでKarmaのテストを実行するには、以下のコマンドを実行します[*1]。

```
$ npm run test-client
```

コマンドを実行すると、たくさんのデバッグ情報の後に以下が出力されます。

```
Chrome 36.0.1985 (Mac OS X 10.8.2)
HelloWorld renderIntoDocument should render the component
FAILED ReferenceError: HelloWorld is not defined
```

この出力はHelloWorldコンポーネントが定義されていないためテストが失敗したことを意味します。まだコンポーネントを実装していないので、これは当然の結果と言えます。HelloWorldコンポーネントを実装して、それをスペックの中で参照しましょう。

```
// client/testing_examples/hello_world.js
var React = require("react");
var HelloWorld = React.createClass({
  render: function () {
    return (
      <h1>HelloWorld</h1>
    );
  }
});

module.exports = HelloWorld;


// test/client/fundamentals/render_into_document_spec.js
var React = require("react/addons");
var TestUtils = React.addons.TestUtils;

var HelloWorld = require('../../../client/testing_examples/hello_world');

describe("HelloWorld", function () {
  describe("renderIntoDocument", function () {
...
```

[*1] 訳注：このコマンドはサンプルアプリケーションのpackage.jsonのscriptsセクションで定義されています。

> **Karmaの自動実行機能**
> コードを変更した後に、先ほどテストを実行したターミナルへ戻ってみると、何もしていないのにすでにテストが再実行されています。これはKarmaの設定ファイルkarma.conf.jsで、プロジェクトのファイルが変更されたときにテストを自動で実行する設定になっているからです[1]。

さて、HelloWorldコンポーネントを実装したので、テストがパスするようになりました。

```
Chrome 36.0.1985 (Mac OS X 10.8.2):
Executed 1 of 1 SUCCESS
(0.905 secs / 0.801 secs)
```

次にスペックを追加しましょう。renderIntoDocumentの振る舞いについて以下の2点が正しく実装されているかテストします。

1. 描画されたHTMLは"Hello World!"の文字列を含んでいる
2. 描画されたコンポーネントは指定したプロパティ値を持っている

```
...
it("should render the component and it's html into a dom node", function () {
  var myComponent = TestUtils.renderIntoDocument(<HelloWorld />);
  // 描画された HTML を検査する
  expect(React.findDOMNode(myComponent).textContent).toContain("Hello World!");
});

it("should render the component and return the component as the return value",
  function () {
    var myComponent = TestUtils.renderIntoDocument(<HelloWorld />);
    // 描画されたコンポーネントのプロパティを検査する
    expect(myComponent.props.name).toBe("入門React");
  }
);
...
```

テストを実行したターミナルへ戻ってみると、想定どおりふたつのテストが失敗しています。

```
Chrome 36.0.1985 (Mac OS X 10.8.2)
HelloWorld renderIntoDocument should render the component and it's html into a
dom node
FAILED Expected '' to contain 'Hello World!'.
Error: Expected '' to contain 'Hello World!'.
```

---

[1] 訳注：karma.conf.jsにはbrowserifyとreactifyの設定があり、これによりスペックファイルにJSXを記述することが可能になっています。

```
...
Chrome 36.0.1985 (Mac OS X 10.8.2)
HelloWorld renderIntoDocument should render the component and return the
component
  as the return value
FAILED Expected undefined to be '入門React'.
Error: Expected undefined to be '入門React'
```

これらのテストをパスするために、HelloWorldコンポーネントを以下のように変更します。

```
it("will never pass if you try to assert on a whole dom node", function () {
  var HelloWorld = React.createClass({
    getDefaultProps: function () {
      return {
        name: "入門React"
      };
    },
    render: function () {
      return (
        <div>
          <h1>Hello World!</h1>
          <h2>{this.props.name}</h2>
        </div>
      );
    }
  });
```

これで両方のテストがパスするようになりました。

ReactにおけるHTMLの検査

テストをパスするために変更したHelloWorldコンポーネントを見て、なぜ以下のように書かないのか疑問に思った読者の方もいるかもしれません。

```
var myComponent = TestUtils.renderIntoDocument(<HelloWorld />);
// 注意：このコードは意図するように動きません
expect(React.findDOMNode(myComponent).innerHTML)
  .toContain("<h2>入門React</h2>");
```

jQueryやBackbone.jsを使ったアプリケーションのテストでは、(お勧めはしませんが) 上記のように書いても問題なく動作します。しかし、Reactではこれは動作しません。なぜならコンポーネントのrenderメソッドで指定したHTMLは、実際に出力されるDOMとは異なるからです。実際に出力されるDOMは以下のようになります。

```
    <h1 data-reactid=".1k.0">Hello World!</h1>
    <h2 data-reactid=".1k.1">入門React</h2>
```

　Reactはコンポーネントを効率良く再描画するために、DOMに独自データ属性（data-*）を付加します。Ember.jsやAngularJSも同様の理由でこのようなフレームワーク独自の属性を使用します。

15.3　コンポーネントのモック

　コンポーネントを組み合わせて使用できることはReactの強みのひとつです。あるコンポーネントが他のコンポーネントを描画できることは、コードのモジュラリティと再利用性において優れていますが、テストの際には注意が必要です。例えばUserBadgeとUserImageというふたつのコンポーネントがあったとします。UserBadgeはユーザーの名前とUserImageを表示するコンポーネントです。このUserBadgeコンポーネントをテストする際に、UserBadgeの機能のみがテストされるべきであり、UserImageの機能はここではない他所で別途テストされるべきです。「両方テストするほうが良いのでは？」と感じる方もいるかもしれませんが、それをやり始めると一気にテストが複雑になり、メンテナンス不可能になります。なぜなら、ユニットテストはもはやテスト対象となるユニットを見失ってしまうからです。

> **対象を見失ったテスト**
> 複雑で対象を見失ったテストには、ある兆候が見られます。以下のことに注意してテストを書けばそれを防ぐことができます。
> テストを実施するための下準備としてたくさんのコードを書かなければならない場合、そのテストは対象を見失っている、つまり不要なモジュールまでもテストしようとしている可能性が高いです。そのような場合は、テストのコードを見直しましょう。

　それでは、どのようにしてUserBadgeの機能のみをテストするのでしょうか。それにはUserBadgeコンポーネントを描画する前に、UserImageコンポーネントをモックと入れ替えるための仕掛けが必要になります。これは使用するツールによってさまざまな手段が提供されていますが、本書のサンプルアプリケーションではBrowserifyをビルドツールとして使っているので、ここではBrowserifyのトランスフォームモジュールとしてrewireifyを使います。以下は、先述のスペックファイルのテンプレートにUserBadgeコンポーネントの描画処理を追加したものです。

```
var React = require("react/addons");
var TestUtils = React.addons.TestUtils;
```

```
var UserBadge = require('../../../client/testing_examples/user_badge');

describe("UserBadge", function () {
  // このままだと本物のUserImageが描画されてしまいます
  it("should use the mock component and not the real component", function () {
    var userBadge = TestUtils.renderIntoDocument(<UserBadge />);
  });
});
```

そして、テストにおいてUserImageコンポーネントをスタブ化するために、rewireifyを使います。このトランスフォームモジュールをBrowserifyのビルド時に指定することで、あるコンポーネントのローカル変数やローカル関数を上書きすることが可能になります[*1]。まず、UserBadgeの内部実装を見てみましょう。

```
// client/testing_examples/user_badge.js
var UserImage = require("./user_image");
...
render: function () {
  return (
    <div>
      <h1>{this.props.friendlyName}</h1>
      <UserImage slug={this.props.userSlug} />
    </div>
  );
}
...
```

UserBadgeの実装でUserImageコンポーネントは同名のローカル変数に保存されていることがわかったので、次にUserBadgeのスペックファイルにおいてrewireifyにこのローカル変数を上書きするように指定します。以下のようにUserImageのモックを用意して、そちらを使うように指定します。

```
var mockUserImageComponent = React.createClass({
  render: function () {
    return (<div className="fake">UserImageのモック</div>);
  }
});

UserBadge.__set__("UserImage", mockUserImageComponent);
```

[*1] 訳注：サンプルアプリケーションにおいて、設定ファイルkarma.conf.js内でrewireifyがトランスフォームモジュールとして指定されています。

これにより、UserBadgeを描画するとUserImageコンポーネントではなくmockUserImageComponentのモックのほうが描画されるようになります。上記のコードは問題なく動作しますが、実際のユニットテストにおいては副作用を考慮する必要があります。具体的には、ここで行ったローカル変数の書き換えが後続のテストに影響を与えないようにするために、書き換えたものをすべて元に戻す必要があります。それらのコードを追加したスペックファイルは以下のようになります。

```js
// test/client/fundamentals/stub_subcomponent_with_require_spec.js
describe("UserBadge", function () {
  describe("rewireify", function () {
    var mockUserImageComponent;

    beforeEach(function () {
      mockUserImageComponent = React.createClass({
        render: function () {
          return (<div className="fake">UserImageのモック</div>);
        }
      });
    });

    describe("using just rewireify", function () {
      var realUserImageComponent;

      beforeEach(function () {
        // ここで本物の UserImage コンポーネントを変数に保存している
        realUserImageComponent = UserBadge.__get__("UserImage");
        UserBadge.__set__("UserImage", mockUserImageComponent);
      });

      afterEach(function () {
        UserBadge.__set__("UserImage", realUserImageComponent);
      });

      it("should use the mock component and not the real component", function () {
        var userBadge = TestUtils.renderIntoDocument(<UserBadge />);
        expect(React.findDOMNode(
          TestUtils.findRenderedDOMComponentWithClass(userBadge, "fake")
        ).innerHTML).toBe("UserImageのモック");
      });
    });

  });
});
```

> このテストでは TestUtils.findRenderedDOMComponentWithClass というユーティリティ関数を使っています。これについてはこの章で後ほど詳しく説明しますが、セレクタAPIのようなものと考えてください。ここでは className が "fake" のコンポーネントを検索するために使用しています。

上記コードで行っていることを以下に要約します。

1. モックのコンポーネント mockUserImageComponent を定義する
2. UserBadge コンポーネントのローカル変数 UserImage の値を取得し、変数 realUserImageComponent に保存する
3. UserBadge コンポーネントのローカル変数 UserImage の値を mockUserImageComponent に書き換える
4. テストを実行する
5. UserBadge コンポーネントのローカル変数 UserImage の値を元の値（realUserImageComponent）に戻す

この方法でうまく動作するのですが、難点を挙げるとすれば似たようなコードが重複することです。コードの行数としては大したことありませんが、おそらくほとんどすべてのスペックで他のコンポーネントをモックと入れ替えるので、全体のコードの増加量は無視できないものになります。そこで、Jasmineのヘルパーモジュールが重要な役割を果たします。ヘルパーモジュールにはスペック間で共通の処理を記述することができます。この場合、ヘルパーモジュールはふたつの機能を提供する必要があります。ひとつはコンポーネントの内部変数を書き換えるためのメソッド、もうひとつはテスト後にそれらの変更を自動的に元に戻す処理を afterEach ブロックに記述することです。ヘルパーモジュールでは rewire というメソッドを定義し、rewire メソッドのすべての呼び出しデータを配列に保持します。そうすることで、テストが終わるたびにすべてのコンポーネントを復元することができます。ヘルパーモジュールのコードは以下のようになります。

```
// test/client/helpers/rewire-jasmine.js
var rewires = [];
var rewireJasmine = {
  rewire: function (mod, variableName, newVariableValue) {
    // あとで復元できるように変数の値を保存する
    var originalVariableValue = mod.__get__(variableName);

    // すべての呼び出しデータを配列に保存する
    rewires.push({
      mod: mod,
      variableName: variableName,
      originalVariableValue: originalVariableValue,
      newVariableValue: newVariableValue
    });
```

```
    // 変数を上書きする
    mod.__set__(variableName, newVariableValue);
  },

  unwireAll: function () {
    for (var i = 0; i < rewires.length; i++) {
      var mod = rewires[i].mod,
        variableName = rewires[i].variableName,
        originalVariableValue = rewires[i].originalVariableValue;

      // 変数を復元する
      mod.__set__(variableName, originalVariableValue);
    }
  }
};

afterEach(function () {
  // テストが終わるたびに呼び出される
  rewireJasmine.unwireAll();

  // 後続のテストに影響しないように配列を初期化しておく
  rewires = [];
});

module.exports = rewireJasmine;
```

このヘルパーモジュールを使うことで、UserBadgeのテストは以下のようにシンプルになります。

```
var rewireJasmine = require("../helpers/rewire-jasmine");
var UserBadge = require('../../../client/testing_examples/user_badge');

describe("UserBadge", function () {
  describe("with a custom rewireify helper", function () {
    beforeEach(function () {
      rewireJasmine.rewire(UserBadge, "UserImage", mockUserImageComponent);
    });

    it("should use the mock component and not the real component", function () {
      var userBadge = TestUtils.renderIntoDocument(<UserBadge />);
      expect(React.findDOMNode(
        TestUtils.findRenderedDOMComponentWithClass(userBadge, "fake")
      ).innerHTML).toBe("UserImageのモック");
    });
  });
```

```
      });
    });
```

とてもコンパクトになりました。ヘルパーモジュールのメソッド呼び出し「rewireJasmine.rewire(UserBadge, "UserImage", mockUserImageComponent);」により、コンポーネントの保存と復元の処理が隠蔽されているからです。

> **他のnpmのパッケージ**
> BrowserifyではなくWebpackを使っている場合、rewireifyの代わりにrewire-webpackが使えます。また、クライアントではなくNodeでのみ動作するテストを書く場合はrewireを使ってください（そもそもrewireifyとrewire-webpackは既存のrewireをそれぞれBrowserifyとWebpackの環境で使えるようにしたものです）。APIは若干異なりますので、詳しくはドキュメント（https://github.com/jhnns/rewire）を参照してください。

では、npmを使用しない、「バニラ（vanilla）」なプロジェクト（<script>タグ内に直接コンポーネントを定義することで、グローバルなネームスペース経由でモジュールを参照するプロジェクト）の場合はどうすればよいのでしょう？ 心配は無用です。以下のコードは上記のヘルパーモジュールをバニラな環境で再現したものです。

```
// test/client/fundamentals/stub_supcomponent_with_script_tag_spec.js
describe("global variables", function () {
  var mockUserImageComponent, realUserImageComponent;

  beforeEach(function () {
    mockUserImageComponent = React.createClass({
      render: function () {
        return (<div className="fake">UserImageのモック</div>);
      }
    });

    // ここで本物の UserImage コンポーネントを変数に保存している
    realUserImageComponent = window.vanillaScriptApp.UserImage;
    window.vanillaScriptApp.UserImage = mockUserImageComponent;
  });

  afterEach(function () {
    window.vanillaScriptApp.UserImage = realUserImageComponent;
  });

  it("should use the mock component and not the real component", function () {
    var UserBadge = window.vanillaScriptApp.UserBadge;
    var userBadge = TestUtils.renderIntoDocument(<UserBadge />);
```

```
    expect(React.findDOMNode(
      TestUtils.findRenderedDOMComponentWithClass(userBadge, "fake")
    ).innerHTML).toBe("UserImageのモック");
  });
});
```

ここまでで学んだことをいったんまとめます。

1. テストにおいてコンポーネントを描画する方法
2. 依存コンポーネントをモックと入れ替える方法

15.4 関数のスタブ化

次に、関数をスタブ化する方法について学びます。関数のスタブ化は一般的に以下のような目的で行われます。

1. スタブ化することでユニットテストの対象範囲を限定したい
2. 関数内で使用されているAPIやサードパーティのサービスなどの処理がテスト中に実行されるのを避けたい
3. その関数が正しい呼び出し元から正しい引数で呼び出されていることをチェックしたい

例えばfooという名前のメソッドをスタブ化するには、以下のようにJasmineのspyOn関数を使用します。

```
var myModule = {
  foo: function () {
    return 'bar';
  }
};

spyOn(myModule, "foo").andReturn('fake foo');
```

では、Reactコンポーネントのメソッドでこれを行うにはどのようにすればよいでしょうか。普通に考えると以下のようになります。

```
var myComponent = React.createClass({
  foo: function () {
    return 'bar';
  },
  render: ...
});

spyOn(myComponent.prototype, "foo").andReturn('fake foo');
```

しかし、このコードはいくつかの理由で動作しません。

1. Reactは（Backboneとは異なり）コンポーネントのメソッドをコンポーネントクラスのprototypeで定義しない
2. Reactはメソッド呼び出しを自動でバインドするためにメソッドの複数のコピーを保持する
3. メソッド呼び出しの実装方法はReactのバージョンごとに異なるので、上記の方法ではバージョン間で差異が生じる

この問題を解決するために、jasmine-react-helpersというパッケージが使用できます。例えば、HelloRandomというコンポーネントをテストするとしましょう。このコンポーネントは本書の著者情報をランダムに表示します。このコンポーネントをテストするにあたり、ランダムな要素を排除しなければ、テスト結果は毎回異なります。以下はHelloRandomコンポーネントの実装です。

```javascript
// client/testing_examples/hello_random.js
var React = require("react");
var authors = [
  { name: "Frankie Bagnardi", githubUsername: "brigand" },
  { name: "Jonathan Beebe", githubUsername: "somethingkindawierd" },
  { name: "Richard Feldman", githubUsername: "rtfeldman" },
  { name: "Tom Hallett", githubUsername: "tommyh" },
  { name: "Simon Hojberg", githubUsername: "hojberg" },
  { name: "Karl Mikkelsen", githubUsername: "karlmikko" }
];

var HelloRandom = React.createClass({
  getRandomAuthor: function () {
    return authors[Math.floor(Math.random() * authors.length)];
  },
  render: function () {
    var randomAuthor = this.getRandomAuthor();
    return (
      <div>
        著者は{randomAuthor.name}で
        GitHubのアカウントは{randomAuthor.githubUsername}です。
      </div>
    );
  }
});

module.exports = HelloRandom;
```

そして、以下はコンポーネントのテストが記述されたスペックファイルです。

```javascript
// test/client/fundamentals/spy_on_spec.js
var React = require("react/addons");
```

```
    var TestUtils = React.addons.TestUtils;

    var HelloRandom = require('../../../client/testing_examples/hello_random');

    describe("HelloRandom", function () {
      describe("render", function () {
        it("should output information about the author", function () {
          var myHelloRandom = TestUtils.renderIntoDocument(<HelloRandom />);
          expect(myHelloRandom().textContent)
            .toBe("著者はFrankie BagnardiでGitHubのアカウントはbrigandです。");
        });
      });
    });
```

ここでの問題は、コンポーネントの描画が`Math.random()`に依存しているため、毎回出力結果が異なるということです。

そこで、`HelloRandom`コンポーネントの`getRandomAuthor`メソッドをスタブ化することで、ランダムな値を返す代わりに常に同じユーザー（"Fake User"）を返すようにします。

```
    ...
    var jasmineReact = require("jasmine-react-helpers");
    var HelloRandom = require('../../../client/testing_examples/hello_random');
    ...
    it("should be able to spy on a function of a react class", function () {

      jasmineReact.spyOnClass(HelloRandom, "getRandomAuthor")
        .andReturn({name: "Fake User", githubUsername: "fakeGithub"});

      var myHelloRandom = TestUtils.renderIntoDocument(<HelloRandom />);

      expect(React.findDOMNode(myHelloRandom).textContent)
        .toBe("著者はFake UserでGitHubのアカウントはfakeGithubです。");
    });
```

上記のコードでは、`jasmine-react-helpers`の`spyOnClass`関数を使用しています。これは、Jasmineの`spyOn`関数と同様にメソッド呼び出しをチェーンすることができます。ここでは`andReturn({name: "Fake User", githubUsername: {"fakeGithub"})`の呼び出しをチェーンすることで、`getRandomAuthor`メソッドが常に指定した値を戻り値として返すように設定しています。

> ### スタブ関数のその他の例
>
> 本書で説明したgetRandomAuthorメソッド以外にも、関数のスタブ化の例はたくさんあります。以下に実際のアプリケーションでの使用例を挙げます。
>
> - サーバーからデータを取得するメソッド
> - テストで再現が困難なstateを参照するメソッド
> - 副作用の範囲が大きいメソッド
> - 現在時刻やタイムゾーンを扱うメソッド

15.4.1 コールバック関数のテスト

関数呼び出しのテストでもうひとつ考慮しなければいけないのが、コールバック関数の呼び出しをテストする方法です。テストの経験のない方は、なぜそれが考慮されるべきか、またどのように実現するのか見当もつかないかもしれません。

例として、あるコンポーネントが子コンポーネントを描画する際に、子コンポーネントのpropsに自身のメソッドをコールバック関数として渡す場面を想定してください。この親コンポーネントのテストをどのように書けばよいでしょう。子コンポーネントはモックと入れ替えるべきですが、一方、コールバック関数が子コンポーネントに正しく渡されているかテストしなければいけません。

これを実際に動作させるために、先述のUserImageとUserBadgeのコンポーネントを変更して使いましょう。ここでUserBadgeはUserImageのimageClickedプロパティにコールバック関数を渡すのですが、例のごとくTDDの開発手法に従うため実装されていません。

```
...
var UserBadge = React.createClass({
  getDefaultProps: function () {
    return {
      friendlyName: "Billy McGee",
      userSlug: "billymcgee"
    };
  },
  render: function () {
    return (
      <div>
        <h1>{this.props.friendlyName}</h1>
        <UserImage slug={this.props.userSlug} />
      </div>
    );
```

15章 テスト

```
      }
    });
    ...
```

　UserImageコンポーネントをモックと入れ替えて、モックのimageClickedコールバック関数を手動で呼び出すテストを書きましょう。

```
    ...
    describe("assert spy was called", function () {
      var mockUserImageComponent;

      beforeEach(function () {
        mockUserImageComponent = React.createClass({
          render: function () {
            return (<div className="fake">UserImageのモック</div>);
          }
        });

        rewireJasmine.rewire(UserBadge, "UserImage", mockUserImageComponent);
      });

      // 見やすくするために改行を入れています
      it("should pass a callback to the imageClicked function
        to the UserImage component", function () {
          jasmineReact.spyOnClass(UserBadge, "imageClicked");

          var userBadge = TestUtils.renderIntoDocument(<UserBadge />);
          var imageComponent = userBadge.refs.image;

          imageComponent.props.imageClicked();

          expect(jasmineReact.classPrototype(UserBadge).imageClicked)
            .toHaveBeenCalled();
        }
      );

    });
    ...
```

　テストを実行する前に、まず何をしているのか整理しましょう。

1. UserImageコンポーネントをモックmockUserImageComponentと入れ替える
2. UserBadgeコンポーネントを描画する
3. UserBadgeのrefs経由でUserImageコンポーネント（実際にはmockUserImageComponent）にアクセスする

4. UserImageのprops上にあるimageClicked関数を手動で呼び出す
5. UserBadgeコンポーネントのimageClickedメソッドが正しく呼び出されたか確認する

テストを実行すると以下のメッセージが出力されて失敗します。

```
...
PhantomJS 1.9.7 (Mac OS X)
UserBadge assert spy was called should pass a callback
    to the imageClicked function to the UserImage component
FAILED imageClicked() method does not exist
...
```

これはUserBadgeのimageClickedメソッドが未実装であることが原因です。以下のようにメソッドを追加してください。

```
...
var UserBadge = React.createClass({
  getDefaultProps: function () {
    return {
      friendlyName: "Billy McGee",
      userSlug: "billymcgee"
    };
  },
  imageClicked: function () {

  },
...
```

再度テストを実行すると、今度は以下のメッセージが出力されて失敗します。

```
PhantomJS 1.9.7 (Mac OS X)
HelloRandom assert spy was called should pass a callback
    to the imageClicked function to the UserImage component
FAILED TypeError: 'undefined' is not an object (evaluating 'imageComponent.props')
```

imageComponentの値がundefinedであるためエラーとなっています。これはUserImageにref属性を設定していないためです。解決するには以下のようにref属性の値に"image"を設定します。

```
...
var UserBadge = React.createClass({
  getDefaultProps: function () {
    return {
      friendlyName: "Billy McGee",
      userSlug: "billymcgee"
```

```
    };
  },
  render: function () {
    return (
      <div>
        <h1>{this.props.friendlyName}</h1>
        <UserImage slug={this.props.userSlug} ref="image" />
      </div>
    );
  }
});
```

> **テストのためのref属性の使用**
>
> テストのためにプロダクションのコードを変更することは、影響が少なければ問題ありませんが、なるべくなら避けたいところです。もし変更せずに済むような代替手段があればそちらを検討するようにしましょう。上記のコードでUserImageコンポーネントの参照を取得している部分は、本当はReact.addons.TestUtils.findRenderedComponentWithTypeを使用すべきですが、このユーティリティ関数はこの章でまだ登場していないため、代わりにref属性を設定することで参照を取得しています。

再度テストを実行すると、以下のメッセージが出力され、またしてもテスト失敗します。

```
PhantomJS 1.9.7 (Mac OS X)
HelloRandom assert spy was called should pass a callback
  to the imageClicked function to the UserImage component
FAILED TypeError: 'undefined' is not a function
  (evaluating 'imageComponent.props.imageClicked()')
```

これはUserImageコンポーネントの描画の際に、propsとしてimageClickedが渡されていないからです。以下のように修正しましょう。

```
...
var UserBadge = React.createClass({
  getDefaultProps: function () {
    return {
      friendlyName: "Billy McGee",
      userSlug: "billymcgee"
    };
  },
  imageClicked: function () {

  },
```

```
    render: function () {
      return (
        <div>
          <h1>{this.props.friendlyName}</h1>
          <UserImage slug={this.props.userSlug}
            imageClicked={this.imageClicked} ref="image" />
        </div>
      );
    }
  });
```

これでようやくテストはパスしました。親コンポーネントは正しく子コンポーネントにコールバック関数を渡していることがテストされました。

15.5　イベントのシミュレーション

多くのReactコンポーネントはブラウザで発生するイベント（クリックイベント、フォームのイベントなど）に反応します。ユニットテストでそれらを扱うためには、ブラウザのイベントのシミュレーションが必要になります。

> **TestUtils.Simulate**
> SimulateはおそらくReactTestUtilsアドオンの中で最も便利なユーティリティでしょう。
> ──Reactのドキュメントより
> http://facebook.github.io/react/docs/test-utils.html

早速試してみましょう。まず、ClickMeという仮想のコンポーネントのテストから書き始めます。

```
var React = require("react/addons");
var TestUtils = React.addons.TestUtils;

describe("ClickMe", function () {

  describe("Simulate.Click", function () {

    it("should render", function () {
      TestUtils.renderIntoDocument(<ClickMe />);
    });
  });
});
```

ClickMeは未実装なのでこのテストは失敗します。実装してスペックファイルから参照するようにしましょう。

```
var React = require("react");
var ClickMe = React.createClass({
  render: function () {
    return (
      <div></div>
    );
  }
});

module.exports = ClickMe;

...
var TestUtils = React.addons.TestUtils;

var ClickMe = require('../../../client/testing_examples/click_me');
...
```

コンポーネントの描画しか行っていないためテストはパスします。では次に、コンポーネントがクリックされた回数を表示する機能を追加します。まずはテストを実装します。

```
...
describe("ClickMe", function () {
  describe("Simulate.Click", function () {
    var subject;
    beforeEach(function () {
      subject = TestUtils.renderIntoDocument(<ClickMe />);
    });

    it("should output the number of clicks", function () {
      expect(React.findDOMNode(subject).textContent).toBe("クリック回数：0");
    });
  });
});
```

> **beforeEach内での描画**
> このテストではbeforeEachの中でrenderIntoDocumentを呼び出して、戻り値をsubjectという変数に保存しています。テストのたびに毎回実行するコードはスペックごとに記述するよりも、このようにbeforeEachに記述するようにしましょう。

このテストは失敗します。ClickMeのrenderメソッドが空の<div>タグを返しているからです。以下のように修正しましょう。

```
...
var ClickMe = React.createClass({
  render: function () {
    return (
      <h1>クリック回数：0</h1>
    );
  }
});
...
```

これで再びテストがパスするようになりました。コンポーネントのコードでクリック回数をハードコーディングしている部分は汚いですが、すぐ後で改善するので我慢してください。

次に、テストを変更し、クリックイベントを発生させて、描画結果が変化するかテストするコードを追加します。

```
...
it("should increase the count", function () {
  expect(React.findDOMNode(subject).textContent).toBe("クリック回数：0");
  // <h1>要素にclickイベントを送信する
  TestUtils.Simulate.click(React.findDOMNode(subject));
  expect(React.findDOMNode(subject).textContent).toBe("クリック回数：1");
});
...
```

ここで、TestUtils.SimulateユーティリティをつかってDOMノードにclickイベントを送信している部分に注目してください。これにより、ClickMeコンポーネントの<h1>タグがイベントを受け取ります。TestUtils.Simulate.clickの第二引数としてイベントのパラメータを渡すことも可能です。

コンポーネント側でイベントを処理していないため、このテストは失敗します。以下のようにクリック回数をカウントするイベントハンドラを定義します。

```
...
var ClickMe = React.createClass({
  getInitialState: function () {
    return { clicks: 0 };
  },
  headingClicked: function () {
    var clicks = this.state.clicks;
    this.setState({clicks: clicks + 1});
  },
  render: function () {
```

```
      return (
        <h1 onClick={this.headingClicked}>
          クリック回数：{this.state.clicks}
        </h1>
      );
    }
  });
  ...
```

これでテストはパスするようになりました。以上でTestUtils.Simulateの使用方法が理解できたと思います。

15.6 テストにおけるコンポーネントのセレクタAPI

ここまで読まれた方はReactのテストの基礎を習得しつつあります。これまでに、コンポーネントの描画や関数呼び出しのテスト、子コンポーネントのモックやイベントのシミュレーションについて学びました。そしてここでは、途中で少し触れましたが、ref属性を使わずに子コンポーネントの参照を取得する方法について説明します。React.addons.TestUtilsが提供するセレクタAPIを使えば、テストがより簡潔でわかりやすく堅牢になります。この節では説明に重点を置くため、いったんTDDの手順から外れます。

```
var React = require("react");
var CompanyLogo = require("./company_logo");
var NavBar = React.createClass({
  render: function () {
    return (
      <div>
        <CompanyLogo />
        <ul>
          <li className="tab active">タブ1</li>
          <li className="tab">タブ2</li>
          <li className="tab">タブ3</li>
          <li className="tab">タブ4</li>
          <li className="tab">タブ5</li>
        </ul>
      </div>
    );
  }
});

module.exports = NavBar;


var React = require("react");
```

```
var CompanyLogo = React.createClass({
  render: function () {
    return (<img src="http://example.com/logo.png" />);
  }
});

module.exports = CompanyLogo;
```

上記の`<NavBar>`コンポーネントのテストで、描画されたすべての`<li>`コンポーネントへの参照を取得したい場合は、TestUtilsのセレクタAPI scryRenderedDOMComponentsWithTagを使用します。

> **コンポーネント vs. 要素**
>
> 上記の説明で、意図的に`<li>`要素と言わずに`<li>`コンポーネントという言葉を使いました。これは、TestUtilsのセレクタAPIはDOMノードではなくReactコンポーネントを返すからです。テストにおいて、Reactコンポーネントのプロパティにアクセスできることは非常に便利であり、必要であればReact.findDOMNode()経由でDOMノードにアクセスすることも可能です。

```
var React = require("react/addons");
var TestUtils = React.addons.TestUtils;

var NavBar = require('../../../client/testing_examples/nav_bar');
var CompanyLogo = require('../../../client/testing_examples/company_logo');

describe("TestUtils Finders", function () {

  var subject;

  beforeEach(function () {
    subject = TestUtils.renderIntoDocument(<NavBar />);
  });

  describe("scryRenderedDOMComponentsWithTag", function () {
    it("should find all components with that html tag", function () {
      var results = TestUtils.scryRenderedDOMComponentsWithTag(subject, "li");
      expect(results.length).toBe(5);
      expect(React.findDOMNode(results[0]).innerHTML).toBe("タブ1");
      expect(React.findDOMNode(results[1]).innerHTML).toBe("タブ2");
    });
  });
});
```

> **SCRY って何?**
> セレクタAPIの名前が「scry」から始まっていることに疑問を持たれた方もいるかもしれません。そもそもどう発音するかわかりませんよね?
> これは、「sky」によく似た発音になります(正確な発音はGoogleで調べてください)。
> scryは「水晶占い」を意味します。ですので、ここでは水晶を使ってReactコンポーネントのありかを探しているところを想像してください。

すべてのscryで始まる関数には、findで始まる対の関数が存在します。前者はコンポーネントの配列を返すのに比べ、後者はひとつのコンポーネントを返します。複数のコンポーネントが見つかった場合、後者はエラーとなります。

`<NavBar>`コンポーネントのテストで子コンポーネントの`<CompanyLogo>`の参照を取得したいなど、コンポーネントの型を指定して検索する場合は、別のセレクタAPI `scryRenderedComponentsWithType`を使います。

```
...
it("should find composite DOM components", function () {
  var results = TestUtils.scryRenderedComponentsWithType(subject, CompanyLogo);
  expect(results.length).toBe(1);
  // <CompanyLogo> コンポーネントの最終的な出力は <img> タグ
  expect(React.findDOMNode(results[0]).tagName).toBe("IMG");
});
...
```

コンポーネントの型で検索できることは非常に便利です。なぜならそれによりアプリケーションを実装(CSSクラスもしくはid)ではなく、ドメイン(コンポーネント)単位で検証できるからです。

> **scry(find)RenderedComponentsWithTypeの制限**
> 現時点では`scry(find)RenderedComponentsWithType`は`React.DOM.div`や`React.DOM.li`のような「ネイティブ」コンポーネントを取得することができません。これは、(上記の`CompanyLogo`のような)複合コンポーネントにしか対応していないためです。将来的にReactの実装がどう変わるか未定ですが、関連する議論については https://github.com/facebook/react/issues/1533 を参照してください。

では、最後にCSSのクラス名でコンポーネントを検索するにはどうすればよいでしょうか? これもやはり同様に、`scryRenderedDOMComponentsWithClass`というセレクタAPIが用意されています。

```
...
describe("scryRenderedDOMComponentsWithClass", function () {
  it("should find all components with that class attribe", function () {
    var tabs = TestUtils.scryRenderedDOMComponentsWithClass(
              subject, "tab"
            );
    var activeTabs = TestUtils.scryRenderedDOMComponentsWithClass(
                subject, "active"
              );

    expect(tabs.length).toBe(5);
    expect(activeTabs.length).toBe(1);
  });
});
...
```

15.7 Mixinのテスト

本書の前半でReactのMixinについて学んだので、Mixinとコンポーネントが異なるものであることはすでに理解していると思います。ここで知りたいことは、Mixinのユニットテストの方法です。結論から言うと、Mixinをテストするには以下の3つの方法があります。

1. 直接Mixinのオブジェクトをテストする
2. Mixinを使用するダミーのコンポーネントをテストする
3. Mixinを使用するすべてのコンポーネントのスペックファイルから共通部分を切り出した共有スペックを使用する

15.7.1 Mixinを直接テストする

Mixinを直接テストするには、単純にMixinのオブジェクトの関数を直接呼び出して結果を調べます。この方法はMixinの内部で呼び出されているReactのメソッドをすべてスタブ化する必要があり、結果的に非常に細かいテストになります。ここでは本書のMixinの章で実装したIntervalMixinを使用してテストを書きます。

```
// client/testing_examples/interval_mixin.js
var IntervalMixin = {
  setInterval: function (callback, interval) {
    var token = setInterval(callback, interval);
    this.__intervals.push(token);
    return token;
  },
  componentDidMount: function () {
```

```
      this.__intervals = [];
    },
    componentWillUnmount: function () {
      for (var i = 0; i < this.__intervals.length; i++) {
        clearInterval(this.__intervals[i]);
      }
    }
  };
```

まずはMixinのcomponentDidMountのテストを書いてみましょう。

```
// test/client/fundamentals/interval_mixin_spec.js
var IntervalMixin = require('../../../client/testing_examples/interval_mixin');

describe("IntervalMixin", function () {
  describe("testing the mixin directly", function () {
    var subject;

    beforeEach(function () {
      // 注意：このコードは問題があります (直後で説明)
      subject = IntervalMixin;
    });

    describe("componentDidMount", function () {
      it("should set an empty array called __intervals on the instance",
        function () {
          expect(subject.__intervals).toBeUndefined();

          subject.componentDidMount();

          expect(subject.__intervals).toEqual([]);
        }
      );
    });
  });
});
```

このテストは問題なくパスします。しかし、IntervalMixinを直接subject変数に代入している部分は好ましくありません。なぜなら、componentDidMountメソッドでthis.__intervalsの値を更新しているため、2回目以降のテストが失敗するからです。スペックファイルを以下のように変更して、この問題を実際に体験してみましょう。

```
...
describe("IntervalMixin", function () {
  describe("testing the mixin directly", function () {
    var subject;
```

```
      beforeEach(function () {
        // 注意：このコードは問題があります
        subject = IntervalMixin;
      });

      describe("componentDidMount", function () {
        it("should set an empty array called __intervals on the instance",
          function () {
            expect(subject.__intervals).toBeUndefined();

            subject.componentDidMount();

            expect(subject.__intervals).toEqual([]);
          }
        );

        // 見やすくするために改行を入れています
        it("should set an empty array called __intervals on the instance
            (testing for test pollution)", function () {
          expect(subject.__intervals).toBeUndefined();

          subject.componentDidMount();

          expect(subject.__intervals).toEqual([]);
        });
      });
    });
  });
```

テストを実行すると、ふたつ目のスペックが「expect(subject.__intervals).toBeUndefined();」の行で失敗します。

```
Chrome 37.0.2062 (Mac OS X 10.8.2)
IntervalMixin testing the mixin directly
componentDidMount should set an empty array
   called __intervals on the instance (testing for test pollution)
FAILED Expected [ ] to be undefined. Error: Expected [ ] to be undefined.
```

これを解決するには、テストごとにMixinを新たにコピーして使います。以下のように、beforeEachの中でObject.createを呼び出すことで両方のスペックがパスするようになります。

```
    ...
    beforeEach(function () {
      subject = Object.create(IntervalMixin);
    });
    ...
```

componentDidMountのテストはパスしたので、次にsetIntervalのテストを書いてみましょう。setIntervalメソッドは以下の3つの要求を満たさなければいけません。

1. 本物のsetInterval関数のラッパーとして動作する
2. setIntervalの返すidを保持する
3. 戻り値としてidを返す

したがって、setIntervalのテストは以下のようになります。

```
  ...
  describe("setInterval", function () {
    var fakeIntervalId;
    beforeEach(function () {
      fakeIntervalId = 555;
      spyOn(window, "setInterval").andReturn(fakeIntervalId);
      // setInterval() の前に componentDidMount() を呼び出す必要があります。
      // こうしなければ、this.__intervals が初期化されず undefined になるからです。
      // これは Mixin を直接テストする場合の欠点です。
      subject.componentDidMount();
    });

    it("should call window.setInterval with the callback and the interval",
      function () {
        expect(window.setInterval.callCount).toBe(0);

        subject.setInterval(function () {}, 500);

        expect(window.setInterval.callCount).toBe(1);
      }
    );

    it("should store the setInterval id in the this.__intervals array",
      function () {
        subject.setInterval(function () {}, 500);

        expect(subject.__intervals).toEqual([fakeIntervalId]);
      }
    );

    it("should return the setInterval id", function () {
      var returnValue = subject.setInterval(function () {}, 500);

      expect(returnValue).toBe(fakeIntervalId);
    });
  });
  ...
```

> **Reactの機能をスタブ化する**
>
> このテストはReactの機能をいっさい使っていない、いわば「素の」Jasmineスペックですが、もしMixinの中でReactの機能が使用されているのであれば、それらをスタブ化することをお勧めします。例えば`this.setState({})`メソッドが呼び出されている場合、`spyOn(subject, "setState")`のようにして`setState`メソッドをスタブ化します。これによりMixinのテスト対象はそのMixinオブジェクトに限定されます。

すでにお気づきかもしれませんが、直接Mixinのオブジェクトをテストする場合、テストの内容は非常に細かくなります。これは機能が複雑な場合は利点も多いのですが、時として機能ではなく、実装そのものをテストしているような状況に陥ります。また、Mixinを直接テストすることで、(上記テストの「`subject.componentDidMount();`」のように) Reactのライフサイクルメソッドの呼び出し順を忠実に再現する必要があります。次は、これらの問題を克服するための方法を紹介します。

15.7.2　ダミーコンポーネント経由でMixinをテストする

次の方法は、ダミーのReactコンポーネントをスペックファイルで定義して、そのコンポーネント経由でMixinをテストするというものです。このコンポーネントはスペックファイルで定義されるため完全にテスト用で、プロダクションのアプリケーションでは使用されません。以下はダミーコンポーネントFauxComponentの定義です。このコンポーネントは非常にシンプルなので、テストの意図がより明確になります。唯一の難点は、Reactの制限によりrenderメソッドを必ず実装しなければならないことです。

```
describe("testing the mixin via a faux component", function () {
  var FauxComponent;

  beforeEach(function () {
    // このコンポーネントはダミーで、
    // Mixinをテストするためのものです。
    FauxComponent = React.createClass({
      mixins: [IntervalMixin],
      render: function () {
        return (<div>ダミーのコンポーネント</div>);
      },
      myFakeMethod: function () {
        this.setInterval(function () {}, 500);
      }
    });
  });
});
```

ダミーコンポーネントが用意できたので、次にテストを書いてみましょう。

```
...
describe("setInterval", function () {
  var subject;
  beforeEach(function () {
    spyOn(window, "setInterval");
    subject = TestUtils.renderIntoDocument(<FauxComponent />);
  });

  it("should call window.setInterval with the callback and the interval",
    function () {
      expect(window.setInterval.callCount).toBe(0);

      subject.myFakeMethod();

      expect(window.setInterval.callCount).toBe(1);
    }
  );
});

describe("unmounting", function () {
  var subject;

  beforeEach(function () {
    spyOn(window, "setInterval").andReturn(555);
    spyOn(window, "clearInterval");
    subject = TestUtils.renderIntoDocument(<FauxComponent />);
    subject.myFakeMethod();
  });

  it("should clear any setTimeout's", function () {
    expect(window.clearInterval.callCount).toBe(0);
    React.unmountComponentAtNode(React.findDOMNode(subject).parentNode);
    expect(window.clearInterval.callCount).toBe(1);
  });
});
...
```

このダミーコンポーネント経由のテストと先の直接Mixinをテストする方式との最大の違いは、テスト対象がコンポーネントかMixinかという点です。しかしながら、それよりも微妙な差異であるにもかかわらず、テストに大きく影響する他の事実があります。それは、ダミーコンポーネントはsetIntervalおよび画面から削除されたケースをテストすればよいのに対して、直接方式の場合はsetInterval、componentDidMount、componentWillUnmountのすべてのメソッドをテストしなければいけない点です。

これは一見して些細な差に見えますが、実は違います。componentDidMountの実装を見てください。this.__intervalsの準備をしているだけで、実際にこのプロパティを使用するのは別のメソッドです。直接方式では、この内部実装であるthis.__intervalsの値を検査することで、機能ではなく実装をテストしています。一方、ダミーコンポーネントFauxComponentのテストではcomponentDidMountのテストは不要になります。なぜなら、componentDidMountのテストはsetInterval機能のテストの中に含まれるからです。

なぜcomponentWillUnmountではなく、「画面から削除されたケース」をテストすることがそれほど重要なのでしょうか？ 我々はclearIntervalがどのように呼び出されたかテストしたいのではなく、コンポーネントが画面から削除されたときにclearIntervalが呼び出されることを保証したいのです。よって、ここですべきことはsubject.componentWillUnmountを直接呼び出すのではなく、コンポーネントを画面から削除してReactに適切なコールバックを実行させることです。

> **どちらの方式が良いか？**
> ここまでで直接Mixinをテストする方式とダミーコンポーネント経由でテストする方式の2通りを見てきましたが、どちらかが優れているということはありません。Mixinの動作および複雑さにより、どちらが向いているかが決まります。まずは直接テストする方式でテストを書いてみて、困難な場合はダミーコンポーネント経由に書き直すというやり方をお勧めします。どちらが適しているかは、実際にテストを書いてみるとよくわかります。

15.7.3　共有スペックを記述する

先のダミーコンポーネント方式と直接方式ではMixin以外にアプリケーションのコードは登場しませんでした。3つ目の方式では実際にMixinを使用するアプリケーション経由でテストします。これを「共有スペック」方式と呼びます。まず大きな違いとして、テストの記述先がMixinのスペックファイルではなく、Mixinを使用するコンポーネントのスペックファイルになります。ここではIntervalMixinのスペックファイル（interval_mixin_spec.js）ではなく、IntervalMixinを使用する側のSince2014コンポーネントのスペックファイル（since_2014_spec.js）にテストが記述されます。そしてIntervalMixinは複数のコンポーネントから使用されるため、共通部分はさらに別のスペックファイル（共有スペック）に記述されます。まずSince2014コンポーネントのスペックファイルを見てみましょう。

```
var React = require("react/addons");
var TestUtils = React.addons.TestUtils;

var Since2014 = require ('../../../client/testing_examples/since_2014');
```

```
describe("Since2014", function () {
});
```

上記のコードはSince2014コンポーネントのスペックファイルのテンプレートです。ここに共有スペックの呼び出しを追加します。

```
...
describe("Since2014", function () {
  describe("shared examples", function () {
    IntervalMixinSharedExamples();
  });
});
...
```

IntervalMixinSharedExamplesはまだ実装されていないため、このテストは失敗します。それでは、この関数を実装しましょう。

```
...
var Since2014 = require ('../../../client/testing_examples/since_2014');
var IntervalMixinSharedExamples
  = require('../shared_examples/interval_mixin_shared_examples');
...
```

次に、共有スペックをinterval_mixin_shared_examples.jsという別のファイルに記述します。以下は共有スペックのテンプレートです。

```
var React = require("react/addons");
var TestUtils = React.addons.TestUtils;

var SetIntervalSharedExamples = function (attributes) {

  var componentClass;

  beforeEach(function () {
    componentClass = attributes.componentClass;
  });

  describe("SetIntervalSharedExamples", function () {
  });
};

module.exports = SetIntervalSharedExamples;
```

上記のコードを注意して見ると、SetIntervalSharedExamplesは一連のJasmineテストを実行するだけの関数であることがわかります。これにより、Since2014コンポーネントのスペックファイルからIntervalMixinSharedExamples()を呼び出すだけでテストを実行することが可能

になります。

　共有スペックのテンプレートにおけるもうひとつの重要な部分は、attributes.componentClassのくだりです。これにより、テスト対象のコンポーネント（この例ではSince2014）を外部から注入することが可能になります。

```
...
describe("Since2014", function () {
  describe("shared examples", function () {
    IntervalMixinSharedExamples({componentClass: Since2014});
  });
});
```

それでは、SetIntervalSharedExamples関数内に必要なスペックを記述しましょう。

```
var React = require("react/addons");
var TestUtils = React.addons.TestUtils;

var SetIntervalSharedExamples = function (attributes) {

  var componentClass;

  beforeEach(function () {
    componentClass = attributes.componentClass;
  });

  describe("SetIntervalSharedExamples", function () {
    describe("setInterval", function () {

      var subject, fakeFunction;

      beforeEach(function () {
        spyOn(window, "setInterval");
        subject = TestUtils.renderIntoDocument(<componentClass />);
        fakeFunction = function () {};
      });

      it("should call window.setInterval with the callback and the interval",
        function () {
          expect(window.setInterval)
            .not.toHaveBeenCalledWith(fakeFunction, jasmine.any(Number));

          subject.setInterval(fakeFunction, 100);

          expect(window.setInterval)
            .toHaveBeenCalledWith(fakeFunction, jasmine.any(Number));
        }
```

```
      );
    });

    describe("unmounting", function () {
      var subject, fakeFunction;

      beforeEach(function () {
        fakeFunction = function () {};

        spyOn(window, "setInterval").andCallFake(function (func, interval) {
          // 我々は Mixin 内の setInterval 呼び出しをテストしたいだけで、Mixin を
          // 使用しているコンポーネント内の setInterval 呼び出しをテストしたいわけ
          // ではありません。それらを区別するために、ここではダミーの関数を定義して、
          // それらの呼び出しに対して異なる id を返しています。
          if (func === fakeFunction) {
            return 444;
          } else {
            return 555;
          }
        });
        spyOn(window, "clearInterval");
        subject = TestUtils.renderIntoDocument(<componentClass />);

        subject.setInterval(fakeFunction, 100);
      });

      it("should clear any setTimeout's", function () {
        expect(window.clearInterval).not.toHaveBeenCalledWith(444);

        React.unmountComponentAtNode(React.findDOMNode(subject).parentNode);

        expect(window.clearInterval).toHaveBeenCalledWith(444);
      });
    });
  });
};

module.exports = SetIntervalSharedExamples;
```

> **共有スペックの注意点**
>
> 共有スペックを記述する上で注意しなければいけないのは、コンポーネントに特有のスペックはそのコンポーネントのスペックファイルに記述すべきで、共通のスペックファイルに記述すべきではないということです。この例では`Since2014`コンポーネントの機能のうち、`IntervalMixin`により提供されるもののみ

interval_mixin_shared_examples.jsでテストすべきであり、残りのスペックはsince_2014_spec.jsに記述されます。

共有スペックは先のダミーコンポーネント（FauxComponent）のスペックファイルと似ていますが、若干複雑になっています。FauxComponentのスペックファイルでは、unmountingのスペックは以下のようになっていました。

```
spyOn(window, "setInterval").andReturn(555);
```

しかし共有スペックでは、unmountingは以下のように記述しなければいけません。

```
spyOn(window, "setInterval").andCallFake(function (func, interval) {
  if (func === fakeFunction) {
    return 444;
  } else {
    return 555;
  }
});
```

共有スペックがより複雑になる理由は、setIntervalのスタブがMixinの内部から呼び出されるだけでなく、Since2014コンポーネントの内部から別途呼び出される可能性があるからです。それらを区別しなければ共有スペックは正しくテストされません。これはダミーコンポーネント方式に比べて共有スペック方式のほうが、他からの影響を受けやすく、より複雑になることを意味します。しかしながら、その複雑さを考慮してもなお、共有スペックのほうが適している場面があります。以下のような場面です。

- Mixinを使用するにあたってコンポーネントが特別なメソッドを実装しないといけない場合、コンポーネントがそれらのメソッドを正しく実装しているか、共有スペックでテストすることが可能になる。つまりMixinとコンポーネント間のインタフェースをテストできる
- Mixinの提供する機能がコンポーネント側で上書きされることで破壊される可能性がある場合、共有スペックによりそれを検出できる

この節ではMixinのテストのための3つの方式（直接、ダミーコンポーネント、共有スペック）を紹介しましたが、それぞれ長所と短所を持っています。実際にいずれかの方式を試してみて、だめなら他の方式を試してみるというやり方をお勧めします。また、Mixinの部分によって複数の方式を組み合わせて使うことが良い場合も十分ありえます。

15.8 `<body>`に対する描画

ここまでReactコンポーネントのテスト方法について多くのことを学びました。ここで、この章の最初に示したrenderのテストに立ち戻り、さらに深く考察します。React.addons.TestUtils.renderIntoDocumentのメソッド名が、renderIntoBodyでもrenderでもないのはなぜか考えてみてください。これは実は意図的で、このメソッドはページと切り離されたDOMノードに対して描画を行うということを、Reactの作者は伝えたかったのです。ほとんどのアプリケーションはこのやり方で事足りるのですが、実際にコンポーネントがページに描画されなければいけない場合もあります。

そのような場合は、TestUtils.renderIntoDocumentではなく、React.renderを使って実際に`<body>`に追加されたDOMノードに対して描画を行う必要があります。ただしその場合、親のDOMノードに対して行った変更を注意深く元に戻さなければいけません。さもなければ後続のテスト結果に影響を与えてしまいます。これを説明するため、例として自身の横幅が何ピクセルか表示するコンポーネントのテストを書いてみましょう。

```
var React = require("react/addons");
var TestUtils = React.addons.TestUtils;

describe("Footprint", function () {
  describe("render", function () {
    it("should output the width of the component", function () {
      React.render(<Footprint />);
    });
  });
});
```

このテストは「ReferenceError: Footprint is not defined」となります。以下のようにFootprintを定義することでエラーを解決してください。

```
...
var HelloWorld = require('../../../client/testing_examples/hello_world');
var Footprint = require('../../../client/testing_examples/footprint');
...

var React = require("react");

var Footprint = React.createClass({
  render: function () {
    return (
      <div></div>
    );
  }
});
```

15.8 `<body>`に対する描画

```
module.exports = Footprint;
```

それでもまだテストは失敗します。「Error: Invariant Violation: _register Component(...): Target container is not a DOM element.」のようなエラーが出力されます。

`TestUtils.renderIntoDocument`とは異なり、`React.render`は2番目の引数として描画先となるターゲットのDOM要素を要求します。このエラーを解決するためにスペックファイルで`<div>`要素を作成して`<body>`に追加しましょう。

```
// 注意：このテストは後続のテストに影響を与えます
it("should output the width of the component", function () {
  var el = document.createElement("div");
  document.body.appendChild(el);

  React.render(<Footprint />, el);
});
```

これでコンポーネントは実際のDOMノードに描画されるようになりました。次に正しくコンポーネントの横幅が出力されているかテストするコードを書きましょう。

```
// 注意：このテストは後続のテストに影響を与えます
it("should output the width of the component", function () {
  var el = document.createElement("div");
  document.body.appendChild(el);

  var myComponent = React.render(<Footprint />, el);
  expect(React.findDOMNode(myComponent).textContent)
    .toContain("ピクセル幅： 100");
});
```

「Expected '' to contain 'ピクセル幅： 100'.」のようなメッセージで、テストは再び失敗するようになりました。以下のように出力部分を実装しましょう。

```
var Footprint = React.createClass({
  getInitialState: function () {
    return { width: undefined };
  },
  componentDidMount: function () {
    var componentWidth = React.findDOMNode(this).offsetWidth;
    this.setState({width: componentWidth});
  },
  render: function () {
    var divStyle = {width: "100px"};
    return (<div style={divStyle}>ピクセル幅： {this.state.width}</div>);
```

        }
    });
```

これでテストはパスするようになりました。ただし、これで終わりではありません。このままでは後続のテストに影響を与えてしまうので、すべてをテスト前の状態に戻すためのコードを書きましょう。

```
describe("Footprint", function () {
  describe("render", function () {

    var el;

    beforeEach(function () {
      el = document.createElement("div");
      document.body.appendChild(el);
    });

    afterEach(function () {
      // コンポーネントをページから削除するよう React に依頼する。
      React.unmountComponentAtNode(el);

      // 作成した <div> 要素も削除しなければ、
      // テストのたびに要素が新たに作成されて追加されてしまいます。
      el.parentNode.removeChild(el);
    });

    it("should output the width of the component", function () {
      var myComponent = React.render(<Footprint />, el);
      expect(React.findDOMNode(myComponent).textContent)
        .toContain("ピクセル幅: 100");
    });
  });
});
```

これでコンポーネントを実際のDOMに対して描画できるようになり、かつ後続のテストに影響を与えることもなくなりました。もしこのようなテストを頻繁に書く必要があるならば、jasmine-react-helpersのヘルパー関数を使いましょう。この関数はテスト終了時に自動的にコンポーネントを削除してくれます。以下にjasmine-react-helpersのヘルパー関数を使った例を挙げます。

```
...
var jasmineReact = require("jasmine-react-helpers");
...
describe("jasmineReact.render", function () {
```
```

```
    var el;

    beforeEach(function () {
      // <div> 要素を作成して <body> に追加する。
      el = document.createElement("div");
      document.body.appendChild(el);
    });

    afterEach(function () {
      // <div> 要素は手動で削除する。
      el.parentNode.removeChild(el);
    });

    it("should output the width of the component", function () {
      var myComponent = jasmineReact.render(<Footprint />, el);
      expect(React.findDOMNode(myComponent).textContent)
        .toContain("ピクセル幅：100");
    });

  });
```

主な違いは「`React.unmountComponentAtNode(el);`」が不要になることです。`jasmineReact.render`で描画されたコンポーネントはテスト後に自動的に削除されます。

> **`<body>`に対して描画するのは正しい？**
> DOMを元どおりに戻せば他のテストへの影響はないので、実際のDOMノードに対して描画すればよいのではないでしょうか？ ほとんどの場合、答えは「ノー」です。可能なかぎり、`React.addons.TestUtils.renderIntoDocument`を使用するようにしてください。`<body>`に描画する特別な理由がないのであれば、`React.render`は使わないでください。

15.9　サーバーサイドのテスト

　これまでクライアントサイド、つまりブラウザで描画されるReactコンポーネントのテストについてのみ説明してきました。ここではサーバーサイドで描画されるReactコンポーネントのテストについて説明します。テストフレームワークはMochaを使用します。jasmine-nodeも利用可能ですが、MochaはNodeのエコシステム内で非常に有名で、非同期処理をうまく扱えるため、ここで取り上げました。

> **JasmineとMocha**
>
> JasmineとMochaはどちらもReactと相性の良いとても素晴らしいテストフレームワークです。Reactのコードベース自体はJasmineを使ってテストされています（実際はJasmineをラップしたJestと呼ばれるツールを使っています。Jestについては13章を参照してください）。この章ではずっとJasmineを使って説明してきましたが、Mochaは（アサーションライブラリのChaiとともに）非常に活発なNodeのプロジェクトなので、ここではMochaを取り上げました。

本書のサンプルアプリケーション（SurveyBuilder）で使用されているreact-routerは、クライアントとサーバーの両方で動作するルーティングライブラリです。これによりIsomorphic JavaScript[1]の環境が可能になります。ここではreact-routerを使って書かれたコードをサーバーサイドでテストする手順について説明します。まず、アプリケーションがサーバー側で行っている処理を順を追って見ていきましょう。

1. アプリケーションのルーターをrequireする
   ```
   // client/client.js
   var app_router = require("./app/app_router");
   ```
2. expressのRouterをミドルウェアとして設定する
   ```
   // server/render/render.js
   var router = require('express').Router({caseSensitive: true, strict: true});
   ...
   router.use(function (req, res, next) {
     ...
   });
   ```
3. URLを渡してreact-routerのメソッドを呼び出す
   ```
   Router.renderRoutesToString(app_router, req.originalUrl)
   ```
4. コールバック関数の中でテンプレートを使用してHTMLを出力する

---

[1] 訳注：Isomorphic JavaScript（同型のJavaScript）とは、クライアントとサーバーの両方のコードをJavaScriptで記述することによりコードを共有することです。

```
        var template = fs.readFileSync(
                        __dirname + "/../../client/app.html",
                        {encoding:'utf8'}
                      );
    ...
    Router.renderRoutesToString(app_router, req.originalUrl)
      .then( function (data) {
        var html = template.replace(/\{\{body\}\}/, data.html);
        html = html.replace(/\{\{title\}\}/, data.title);
        res.status(data.httpStatus).send(html);
      }, ...);
```

これらをテストするために、まずはスペックファイルtest/server/routing.test.jsを作成し、以下のテンプレートを追加します。

```
var request = require('supertest');
var app = require('../../server/server.js');

describe("serverside routing", function () {
});
```

スペックファイルのテンプレートの内容を以下に示します。

1. Nodeのアプリケーションであるserver.jsをrequireする
2. SuperTestというNodeのパッケージを使用する。これにより、実際にサーバープロセスを起動することなくNodeにリクエストを送信できる
3. describeブロックはJasmineの関数ではなく、Mochaの関数。MochaとJasmineのAPIは似ているが異なる

スペックファイルを実行するために、test/server/main.jsを作成して以下のように記述してください。

```
require('./routing.test.js');
```

そして、コンソールでnpm run test-serverというコマンドを打ち込むと、以下のような出力となります[*1]。

```
$ npm run test-server
> bleeding-edge-sample-app@0.0.1 test-server bleeding-edge-sample-app
> mocha test/server/main.js

  0 passing (5ms)
```

[*1] 訳注:このコマンドはサンプルアプリケーションのpackage.jsonのscriptsセクションで定義されています。

テンプレートは正しく動作しており、Mochaのテストはエラーなしで成功しているようです。それでは、最初のテストを追加してみましょう。まずは、/add_surveyのURLに対してGETリクエストを送信するテストです。

```
...
describe("serverside routing", function () {
  it("should render the /add_survey path successfully", function (done) {
    request(app)
    .get('/add_survey')
    .expect(200)
    .end(done);
  });
});
```

Jasmineのテストに非常によく似ていますが、大きな違いがひとつあります。それはitで定義している無名関数の引数として渡されているdoneです。doneはコールバック関数で、すべてのアサーションを行ってテストが完了した際に呼び出されなければいけません。このテストでは/add_surveyのURLに対してGETリクエストを送信して、200のレスポンスコードが返ることを期待しています。そして、endメソッドにdoneを渡すことで、Mochaはすべてのアサーションの完了を知ることができます。

SuperTest

このテストで使用されているrequest、get、endなどはすべてSuperTestの関数です。詳しくはhttps://github.com/visionmedia/supertestを参照してください。

このテストを実行すると、以下のようにパスするはずです。

```
$ npm run test-server
> bleeding-edge-sample-app@0.0.1 test-server bleeding-edge-sample-app
> mocha test/server/main.js

  serverside routing
    ✓ should render the AddSurvey component for the /add_survey path (87ms)

  1 passing (97ms)
```

取得したコンテンツにアサーションをいくつか追加しましょう。

done()呼び出しに注意

このテストを以下のように書かないようにしましょう。これではdoneはrequestメソッド呼び出しのチェーン上にないため、expectより先に実行されてしまいます。

```
it("should render the /add_survey path successfully", function (done) {
  request(app)
    .get('/add_survey')
    .expect("666");
    // 注意！このテストはアサーションが false であっても常に成功します。
    done();
});
```

さて、AddSurveyコンポーネントの描画が正しいかテストするには、取得したHTMLに対していくつかのアサーションを追加する必要があります。まず、以下のようにテストを変更してください。

```
...
it("should render the AddSurvey component for the /add_survey path",
  function (done) {
    request(app)
    .get('/add_survey')
    .expect(200)
    .end(function (err, res) {
      console.log("HTMLの内容: " + res.text)
      done();
    });
  }
);
...
```

テストを実行してみてください。以下のような出力になります。

```
$ npm run test-server
> bleeding-edge-sample-app@0.0.1 test-server bleeding-edge-sample-app
> mocha test/server/main.js

  serverside routing
HTMLの内容: <!DOCTYPE html>
<html>
  <head lang='en'>
    ...
    <title>サーベイを追加</title>
    ...
```

```
      </head>
      <body>
        <div class="app" data-reactid=".qajmfw0740" data-react-checksum="2024417999">
          ...
        </div>
        <script src="/build/bundle.js" type="text/javascript"></script>
      </body>
    </html>
      ✓ should render the AddSurvey component for the /add_survey path (89ms)

    1 passing (100ms)
```

これでAddSurveyコンポーネントがNodeのサーバー上で正しくHTML文字列として描画され、テンプレートの<body>タグ内に正しく配置されていることがコンソール上で確認できました。このHTML文字列を単純に変数res.textの値と比較してもよいのですが、それではあまりにも冗長になってしまうので、変数の文字列をHTMLとしてパースした上で、その結果に対してアサーションを書くことにしましょう。ここではHTMLをパースするためにCheerioというライブラリを使っています。CheerioはHTMLをロードしてjQuery風の操作を実行できるNodeのパッケージです。これらを適用することにより、テストは以下のようになります。

```
var cheerio = require('cheerio');
...
it("should render the AddSurvey component for the /add_survey path",
  function (done) {
    request(app)
    .get('/add_survey')
    .expect(200)
    .end(function (err, res) {
      var doc = cheerio.load(res.text);
      expect(doc("title").html()).to.be("サーベイを追加");
      expect(doc(".main-content .survey-editor").length).to.be(1);
      done();
    });
  }
);
...
```

endメソッドのコールバック関数内で、以下の処理を行っています。

1. レスポンスの文字列をres.textから取得
2. cheerio.loadによりHTMLをパース
3. <title>要素の内容を検査
4. セレクタ.main-content .survey-editorで要素を検索

このテストは成功するはずです。また他の例として、存在しないURLをリクエストすることで正しく404のレスポンスコードが返されるかテストするためのコードは以下のようになります。

```
it("should render a 404 page for an invalid route", function (done) {
  request(app)
  .get('/not-found-route')
  .expect(404)
  .end(function (err, res) {
    var doc = cheerio.load(res.text);
    expect(doc("body").html())
      .to.contain("お探しのページは見つかりませんでした");
    done();
  });
});
```

15.10　ブラウザを使ったテストの自動化

この章の冒頭で述べた2種類のテストのうちの片方、つまりユニットテストについてのみ言及してきましたが、ここではもう一方のテストである「E2Eテスト」について解説します。E2Eテストはエンドユーザーの観点からアプリケーションの機能の正しさを検証するテストです。Webアプリケーションの場合、これはユーザーが行うのと同じように、ブラウザを起動してクリックしたりフォームを記入したりすることを指します。

E2Eテストの基礎

ここではWebアプリケーションのE2Eテストの基本的な事項について説明します。すべてをカバーするのは到底無理なので、詳細については他の文献、例えば『The Cucumber Book』(Pragmatic Bookshelf刊)や『Instant Testing with CasperJS』(Packt Publishing刊)を参照してください。

E2Eテストでは、ブラウザを操作してWebページの内容が正しいか検査します。ここではCasperJSという素晴らしいツールを使って、それを行います。このようなブラウザ上のテストを自動化するツールを初めて使う読者のために、簡単な用語集を用意しました。

CasperJS
　ブラウザを簡単に操作するためのツール。内部的にPhantomJSを使っている

> **PhantomJS**
> JavaScriptから操作可能なヘッドレスブラウザ。レンダリングエンジンとしてWebkitを使用している
>
> **ヘッドレスブラウザ**
> 通常使われているChrome、Firefox、IEなどの一般的なブラウザと違い、画面に何も表示しない。その代わり、ターミナルからコマンド経由で操作できる
>
> **テストで行うブラウザ操作**
> リンクのクリック、フォームの記入、URLの入力、ドラッグアンドドロップなど、ユーザーが通常行うブラウザ操作
>
> **Webkit**
> Safariで使用されるレンダリングエンジン（ChromeはWebkitをフォークしたBlinkというレンダリングエンジンを使用している。ちなみにFirefoxはGecko、Internet ExplorerはTridentというレンダリングエンジンをそれぞれ使用している）

本格的なE2Eテストを書く前に、CasperJSを使ったテストがどのようなものか見てみましょう。順を追って説明します。

```
casper.test.begin('サーベイを追加', 1, function suite(test) {
  casper.start("http://localhost:8080/", function () {
    test.assertTitle("SurveyBuilder",
      "ホームページのタイトルは正常");
  });
  casper.run(function () {
    test.done();
  });
});
```

大ざっぱに言うと、このテストはサンプルアプリケーションのトップページを開いてページのタイトルを検査するテストです。見てのとおり、このテストでは「React」の文字が出てきません。これは意図的にそうしています。CasperJSはエンドユーザーの視点でブラウザを操作するため、そのアプリケーションがReactを使用しているかどうかについてはいっさい関知しません。テストのパラメータは、テスト自体のタイトル、整数値、そしてテストが記述された関数となります。整数値の引数はテスト中に実施されるアサーションの数を表します。それでは、早速テストを書いてみましょう。まずは、test/e2e/adding_a_survey.jsというファイルに「サーベイを追加」というテストを追加します。

15.10 ブラウザを使ったテストの自動化

```
// CasperJS を使用するための設定
casper.options.verbose = true;
casper.options.logLevel = "debug";
casper.options.viewportSize = {width: 800, height: 600};

casper.test.begin('サーベイを追加', 0, function suite(test) {

});
```

テストのテンプレートができたので、次に自動化すべきテストの内容について考えましょう。

1. トップページを開く
2. ページが正しくロードされたことを確認する
3. 「サーベイを追加」のリンクをクリックする
4. 正しいページに遷移することを確認する

```
casper.test.begin('サーベイを追加', 0, function suite(test) {
  casper.start("http://localhost:8080/", function () {
    console.log("ホームへ遷移")
  });
});
```

これを実行するためにはCasperJSが必要なので、以下の手順でインストールして実行しましょう。

```
$ npm install -g casperjs
$ casperjs test test/e2e
```

casperjsコマンドの出力は以下のようになります。

```
$ casperjs test test/e2e/
Test file: test/e2e/adding_a_survey.js
# サーベイを追加
[info] [phantom] Starting...
[info] [phantom] Running suite: 2 steps
[debug] [phantom] opening url: http://localhost:8080/, HTTP GET
[debug] [phantom] Navigation requested: url=http://localhost:8080/,
   type=Other, willNavigate=true, isMainFrame=true
[warning] [phantom] Loading resource failed with status=fail: http://
localhost:8080/
[debug] [phantom] Successfully injected Casper client-side utilities
ホームへ遷移
[info] [phantom] Step anonymous 2/2: done in 53ms.
[info] [phantom] Done 2 steps in 72ms
WARN Looks like you didn't run any test.
```

出力の内容を要約すると以下のようになります。

1. トップページをブラウザ内にロードする
2. トップページのリクエストは失敗した
3. `console.log`の出力：ホームへ遷移
4. テストは1件も実行されなかった

ここで1.と3.は問題ありません。4.もまだテストを1件も書いていないので問題ありません。しかし、2.は問題です。これを解消するにはテストが始まる前にアプリケーションが起動されていなければいけません。以下のコマンドで起動してください。

```
$ npm start
```

それからCasperJSを再び実行すると、今度は以下のような出力になります。

```
$ casperjs test test/e2e/
Test file: test/e2e/adding_a_survey.js
# サーベイを追加
[info] [phantom] Starting...
[info] [phantom] Running suite: 2 steps
[debug] [phantom] opening url: http://localhost:8080/, HTTP GET
[debug] [phantom] Navigation requested: url=http://localhost:8080/,
  type=Other, willNavigate=true, isMainFrame=true
[debug] [phantom] url changed to "http://localhost:8080/"
[debug] [phantom] Successfully injected Casper client-side utilities
[info] [phantom] Step anonymous 2/2 http://localhost:8080/ (HTTP 200)
ホームへ遷移
[info] [phantom] Step anonymous 2/2: done in 1773ms.
[info] [phantom] Done 2 steps in 1792ms
WARN Looks like you didn't run any test.
```

これでトップページのリクエストは成功するようになったので、次にアサーションを追加しましょう。まずはページの`<title>`タグの値が`"SurveyBuilder"`であることを検査するコードです。

```
...
casper.start("http://localhost:8080/", function () {
  // タイトルが"SurveyBuilder"であることをテストする
  test.assertTitle("SurveyBuilder", "ホームページのタイトルは正常");
});
...
```

タイトルをテストする行が追加されています。2番目の引数はテスト成功時に表示される文字列です。

```
$ casperjs test test/e2e/
Test file: test/e2e/adding_a_survey.js
# サーベイを追加
[info] [phantom] Starting...
[info] [phantom] Running suite: 2 steps
[debug] [phantom] opening url: http://localhost:8080/, HTTP GET
[debug] [phantom] Navigation requested: url=http://localhost:8080/,
  type=Other, willNavigate=true, isMainFrame=true
[debug] [phantom] url changed to "http://localhost:8080/"
[debug] [phantom] Successfully injected Casper client-side utilities
[info] [phantom] Step anonymous 2/2 http://localhost:8080/ (HTTP 200)
PASS ホームページのタイトルは正常
[info] [phantom] Step anonymous 2/2: done in 1864ms.
[info] [phantom] Done 2 steps in 1883ms
PASS 1 test executed in 1.89s, 1 passed, 0 failed, 0 dubious, 0 skipped.
```

> CasperJSの他の機能についてはオフィシャルページ（http://casperjs.org）を参照してください。

これでひとつのテストがパスするようになりました。次にリンクをクリックするテストを追加しましょう。

```
...
casper.start("http://localhost:8080/", function () {
  // タイトルが "SurveyBuilder" であることをテストする
  test.assertTitle("SurveyBuilder", "ホームページのタイトルは正常");

  // 2番目のリンク「サーベイを追加」をクリックする
  this.click(".navbar-nav li:nth-of-type(2) a");
});
...
```

上記のclick関数はCSSセレクタを引数としてとります。この例ではナビゲーションバーの2番目のリンクをクリックするように指定していますが、もしリンクの要素がユニークなクラスもしくはidを持っているのであればセレクタ引数として渡してください。リンクをクリックしたので、目的のページに遷移していることを確認しましょう。

```
casper.start("http://localhost:8080/", function () {
  // タイトルが "SurveyBuilder" であることをテストする
  test.assertTitle("SurveyBuilder", "ホームページのタイトルは正常");
```

```
  // 2番目のリンク「サーベイを追加」をクリックする
  this.click(".navbar-nav li:nth-of-type(2) a");
});

casper.then(function () {
  // /add_survey ページに遷移したことをテストする
  test.assertTitle("サーベイを追加",
    "サーベイ追加ページのタイトルは正常");
  test.assertTextExists("左側の部品をドラッグアンドドロップしてください",
    "サーベイ追加ページのドラッグアンドドロップの説明文");
});
```

　上記のコードを見てまず疑問に思うのは、新しいテストがstartではなくthenのコールバック関数の中に記述されていることでしょう。これはなぜかというと、click呼び出しの後にCasperJSは新しいページをロードしないといけないからです。click以降のテストはすべて新しいページがロードされた後に呼び出される必要があるため、thenのコールバック関数の中に記述されます。

　これを実行するために casperjs test test/e2e/ というコマンドを打ち込んでみてください。テストがパスするはずです。

15.10.1　サーバーの起動

　先の例ではCasperJSのテストを実行する際にいちいちnpm経由でサーバーを起動していましたが、これは面倒な上にCIサーバーでテストを実行する場合の障害となります。よって、テスト実行の際に自動的にサーバーを起動するためのスクリプトを書きましょう。プロジェクトのルートに run_casperjs.js というファイルを用意してください。

```
// 3040番のポートでNodeのWebサーバーを起動する
var app = require("./server/server"),
  appServer = app.listen(3040),

  // CasperJSを子プロセスとして実行してテストを行う
  spawn = require('child_process').spawn,
  casperJs = spawn(
            './node_modules/casperjs/bin/casperjs',
            ['test', 'test/e2e']
           );

// CasperJSからのすべてのデータを標準出力にパイプする
casperJs.stdout.on('data', function (data) {
  console.log(String(data));
});
casperJs.stderr.on('data', function (data) {
  console.log(String(data));
```

```
  });

  // CasperJSが終了するとNodeのWebサーバーをシャットダウンする
  casperJs.on('exit', function () {
    appServer.close();
  });
```

このファイルでは以下の処理を行っています。

1. Nodeのサーバーをロードする
2. サーバーを3040番のポートで起動する
3. CasperJSを子プロセスとして起動する（手動で`casperjs test test/e2e`を起動するのと同じ）
4. CasperJSからの出力をターミナルにパイプする
5. CasperJSが終了するとサーバーをシャットダウンする

さらにスペックファイルのポート番号を8080から3040に書き換えてください。これにより、`./run_casperjs.js`を実行することで、CasperJSのテストだけでなくサーバーの起動／終了が自動的に行われるようになります。

これでCasperJSを使ったテストがどのようなものか、おおよその理解が得られたと思います。この節ではCasperJSのほんの導入部しか解説していないので、さらに以下のリソースで学習することをお勧めします。

- 「Site Testing with CasperJS by Joseph Scott」
    https://www.youtube.com/watch?v=flhjYUNCo-U
- 「CasperJS Testing Framework」
    http://docs.casperjs.org/en/latest/testing.html
- 「CasperJS casper documentation」
    http://docs.casperjs.org/en/latest/modules/casper.html

15.11 まとめ

この章ではテストに関連するさまざまな概念について足早に解説しました。描画のテスト、関数のスタブ、コンポーネントのモック、Mixinのテスト、コンポーネントの検索、サーバーサイドにおけるテスト、そしてE2Eテストなど、さまざまなテストについて学びました。これで実際のアプリケーションにおいてReactのコンポーネントをテストする準備は整いました。

さて、ReactのユニットテストとE2Eテストを学んだ後は、より大規模なアプリケーションを構築する際に必要な、アーキテクチャパターンについて学びましょう。

第IV部
実践

16章
アーキテクチャパターン

ReactはMVCのViewの機能のみを担い、データの取得方法については特に規定していません。最も単純なアプリケーションでは、AJAXのリクエストにより取得したデータを直接コンポーネントに渡します。

```
var TakeSurvey = React.createClass({
  getInitialData: function () {
    return {
      survey: null
    };
  },
  componentDidMount: function () {
    $.getJSON('/survey/' + this.props.id, function (json) {
      this.setState({survey: json});
    });
  },
  render: function () {
    if (!this.state.survey) return null;

    return <div>{this.state.survey.title}</div>;
  }
});
```

なんらかのMVCフレームワークを使用する場合でも、Reactは既存のアプリケーションのアーキテクチャに簡単に統合できます。

この章ではReactを他のフレームワークもしくはアーキテクチャパターンと併用してアプリケーションを構築する方法を紹介します。

16.1 ルーティングライブラリ

シングルページアプリケーションにおいてルーターはURLをハンドラにマッピングするためのモジュールを指します。例えば、"/surveys"というURLがリクエストされた場合にサーベイの情報をサーバーから取得して`<ListSurveys>`コンポーネントを描画する、というようなルールをルーターを使って記述できます。

さまざまなルーターがあり、サーバーで動作するものもあります。一部のルーターはサーバーとクライアントの両方で動作します。

Reactはレンダリングのライブラリなのでルーターを含みません。その代わり、さまざまなルーターと組み合わせて使用することが可能です。ここではReactとともに使用できるルーターをいくつか紹介します。

16.1.1 Backbone.Router

Backboneはシングルページアプリケーションを開発するためのライブラリで、いわゆるMVW (Model-View-Whatever) の形態をとります。W (Whatever) の部分は通常、コントローラーやルーターを指し、Backboneの場合も同様です。

Backboneはモジュール化されており、ルーターのみを使用することが可能です。これはReactと組み合わせて使用するのに好都合です。

先ほど少し触れた"/surveys"のルーティングの例をBackbone.Routerを使って実装してみましょう。

```
var SurveysRouter = Backbone.Router.extend({
  routes: {
    "surveys": "list"
  },
  list: function () {
    React.render(
      <ListSurveys />,
      document.querySelector('body')
    );
  }
});
```

ルーターは通常、URL中の可変部分もしくはクエリー文字列をハンドラ内で参照することができます。Backbone.Routerは以下のようにURLの可変部分を引数として渡します。

```
// surveys_router.js
var SurveysRouter = Backbone.Router.extend({
  routes: {
    "surveys": "list",
    "surveys/:filter": "list"
```

```
    },
    list: function (filter) {
      React.render(
        <ListSurveys filter={filter} />,
        document.querySelector('body')
      );
    }
  });
```

例えば、"/surveys/active"というURLがリクエストされた場合、上記のSurveysRouterのlistハンドラの引数filterの値は文字列"active"になります。

詳しくはBackbone.Routerのドキュメント（http://backbonejs.org/#Router）を参照してください。

16.1.2 Aviator

AviatorはBackboneと違い、ルーター機能のみを持つスタンドアローンのライブラリです。

AviatorではURLのハンドラを列挙したオブジェクトをRouteTargetと呼び、ルーターとは別に定義します。AviatorはRouteTargetの内容には関知せず、単にルーターで指定された関数がRouteTarget内に存在すればそれを呼び出します。

RouteTargetは以下のように定義されます。

```
  // surveys_route_target.js
  var SurveysRouteTarget = {
    list: function () {
      React.render(
        <ListSurveys />,
        document.querySelector('body')
      );
    }
  };
```

次に、ルーターの定義を記述します。ルーターの定義はアプリケーション中にひとつしか存在できず、通常は異なるファイルで定義されます。

```
  // routes.js
  Aviator.setRoutes({
    '/surveys': {
      target: SurveysRouteTarget,
      '/': 'list'
    }
  });
  // Aviator にルーティングを開始するように伝える
  Aviator.dispatch();
```

RouteTargetに引数を渡すには、以下のようにします。

```javascript
// routes.js
Aviator.setRoutes({
  '/surveys': {
    target: SurveysRouteTarget,
    '/': 'list',
    '/:filter': 'list'
  }
});
// surveys_route_target.js
var SurveysRouteTarget = {
  list: function (request) {
    React.render(
      <ListSurveys filter={request.params.filter} />,
      document.querySelector('body')
    );
  }
};
```

Aviatorの優れた点のひとつとして、複数のターゲットを指定できることが挙げられます。以下のルーター定義を見てください。

```javascript
// routes.js
Aviator.setRoutes({
  target: AppRouteTarget,
  '/*': 'beforeAll',
  '/surveys': {
    target: SurveysRouteTarget,
    '/': 'list',
    '/:filter': 'list'
  }
});
```

例えば、"/surveys/active"というURLがリクエストされた場合、Aviatorはまず、AppRouteTarget.beforeAllを呼び出してから次にSurveysRouteTarget.listを呼び出します。このようにいくらでもアクションを連結することができます。また、exit関数を指定することで、ユーザーが現在のURLから別のURLに遷移した場合の処理を記述することができ、それらは指定されたアクションと逆の順番で実行されます。

詳しくはAviatorのリポジトリ (https://github.com/swipely/aviator) を参照してください。

16.1.3 react-router

react-routerは他のルーターと違い、ルーターの定義自体がReactコンポーネントで構成されます。

各ルートは<Route>コンポーネントとして定義され、そのhandler属性に対応するハンドラを記述します。

react-routerのルーター定義は以下のようになります。

```
var appRouter = (
  <Routes location="history">
    <Route title="SurveyBuilder" handler={App}>
      <Route name="list" path="/" handler={ListSurveys} />
      <Route title="サーベイを追加"
        name="add" path="/add_survey" handler={AddSurvey} />
      <Route name="edit" path="/surveys/:surveyId/edit" handler={EditSurvey} />
      <Route name="take" path="/surveys/:surveyId" handler={TakeSurveyCtrl} />
      <NotFound title="ページが見つかりませんでした" handler={NotFoundHandler} />
    </Route>
  </Routes>
);
```

<Route>コンポーネントのpath属性に基づいてルーティングが行われ、該当する<Route>のhandler属性に指定されたコンポーネントが描画されます。ルーターを起動するには、トップレベルのコンポーネントで以下のようにReact.renderを呼び出します。

```
React.render(
  appRouter,
  document.querySelector('body')
);
```

他のルーターと同様、react-routerもパラメータを扱うことができます。例えば、上記のコード例で<Route>コンポーネントのpath属性に"/surveys/:surveyId"を指定してる箇所では、TakeSurveyCtrlコンポーネントにsurveyIdという名前のpropsが引数として渡されます。

react-routerの素晴らしい機能のひとつにLinkコンポーネントがあります。Linkコンポーネントはreact-routerが提供するコンポーネントで、ページのナビゲーションに使用できます。Linkコンポーネントはリンク（<a>）を表し、to属性に<Route>コンポーネントの名前を指定することで、リンクが選択されたときに、指定された<Route>のコンポーネントが描画されます。さらに、現在表示中のリンクにactiveというCSSクラスが自動的に追加されます。

以下はLinkコンポーネントを使用したナビゲーションのコンポーネントです。

```
var MainNav = React.createClass({
  render: function () {
    return (
      <nav className='main-nav' role='navigation'>
        <ul className='nav navbar-nav'>
          <li><Link to="list">すべてのサーベイ</Link></li>
          <li><Link to="add">サーベイを追加</Link></li>
```

```
        </ul>
      </nav>
    );
  }
});
```

詳しくはreact-routerのリポジトリ（https://github.com/rackt/react-router）を参照してください。

16.2 Om (ClojureScript)

OmはClojureScriptでReactを使うためのライブラリです。ClojureScriptの提供する永続データ構造のおかげで、Omはアプリケーション全体を高速にレンダリングできます。スナップショットを容易に取得できるため、アンドゥのような機能を簡単に実装できます。

以下はOmでコンポーネントを実装したコード例です。

```
(ns example
  (:require [om.core :as om :include-macros true]
            [om.dom :as dom :include-macros true]))

(defn App [data owner]
  (reify
    om/IRender
    (render [this]
      (dom/h1 nil (:text data)))))

(om/root App {:text "SurveyBuilder"}
  {:target (. js/document (querySelector "body"))})
```

上記のコードは<h1>SurveyBuilder</h1>を出力します。

16.3 Flux

FluxはFacebookにより考案されたアーキテクチャパターンです。Fluxは単一方向のデータフローを強いるので、Reactとともに使用することでアプリケーションの動作が推測しやすくなります。また、Fluxパターンに対応するために大きな変更を行う必要は特にないので比較的容易に導入できます。

Fluxは3つの主要なパーツ——Store、Dispatcher、そしてView（Reactのコンポーネントツリー）——で構成されています。さらにActionを4つ目の主要パーツとみなすことができます。Actionは補助的なメソッドを提供することでDispatcherへのインタフェースとして機能します。

Fluxにおいて、最上位のReactコンポーネントはController-Viewとしての役割を担います。

Controller-Viewのコンポーネントは Store と子コンポーネントとの仲介役として機能します。iOSの `ViewController` とはまったく別物です。

これらFluxパターンの各パーツはそれぞれ独立しており、結果的に関心の分離（Separation of concerns）が強いられることになります。また、それにより各パーツを個別にテストすることが容易になります。

16.3.1 データフロー

Fluxの最も大きな特徴は情報が一方向に流れることです。これは近年のMVCフレームワークにおいて珍しい特徴ですが、注目すべき利点がいくつかあります。まず、双方向データバインディングをしないことで、アプリケーションの動作が推測しやすいものになるという点です。次に、アプリケーションの状態を1箇所に集めて管理できるようになるという点です。アプリケーションの状態はStoreに集約され、すべてのデータの取得／更新はStoreにより管理されます。Storeはデータの変更をchangeイベント経由でViewに伝え、これによりrenderメソッドが実行されます。一方、ユーザーの入力はAction経由でDispatcherに伝えられ、最終的にStoreに変更が通知されます（図16-1）。

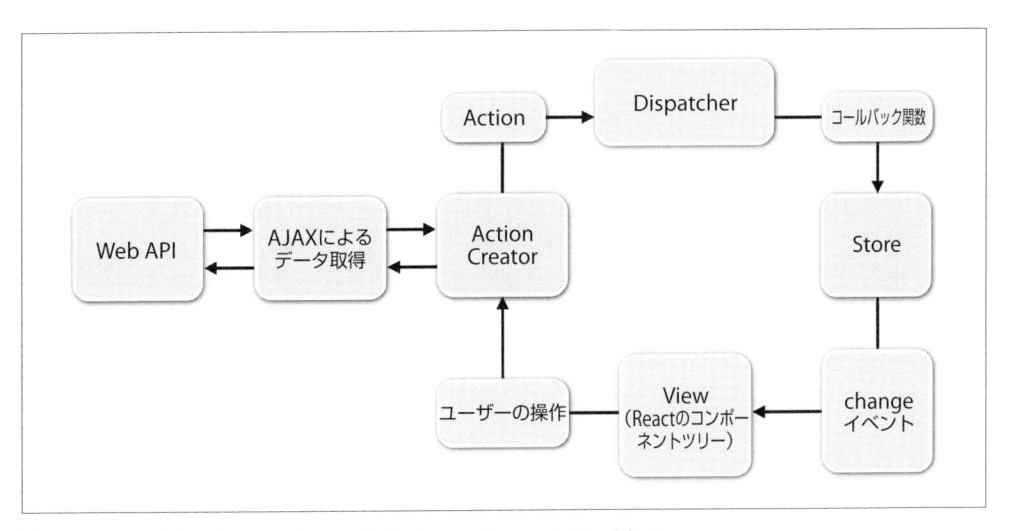

図16-1　Fluxのデータフロー。https://github.com/facebook/flux/ より

16.3.2　Fluxを構成するパーツ

Fluxを構成する各パーツはそれぞれ異なる役割を持ちます。それらは情報が一方向に流れるパイプライン上に位置し、上流から受け取った入力を処理して出力を下流に渡します。

Dispatcher
　アプリケーションの中心的な役割を担う

Action
　アプリケーションに固有のイベントを定義したドメイン固有言語（Domain Specific Language、DSL）として機能する

Store
　ビジネスロジックの記述およびデータ処理を受け持つ

View
　Reactのコンポーネントツリー

　各パーツのReactアプリケーションにおける責務と、その効果的な使用方法について詳しく見ていきましょう。

16.3.2.1　Dispatcher

　Dispatcherはアプリケーションの中心的な役割を担います。ユーザーの入力からネットワーク経由で取得したデータまで、すべてのデータはいったんDispatcherを通ります。Dispatcherはシングルトンオブジェクトです。

　Dispatcherはコールバック経由でStoreにイベントを通知します。複数のコールバック関数が登録された場合、それらの間の依存関係の管理はDispatcherの責務です。Dispatcherはユーザーやネットワークからの入力を、登録しているすべてのStoreに通知します。各Storeはそれらの入力をチェックして、自身に関係のある入力のみを処理します。

　本書のサンプルアプリケーション（SurveyBuilder）では、シンプルかつ効果的なDispatcherと単一のStoreが使われています。アプリケーションの開発が進むにつれ規模が大きくなると、必然的に複数のStoreを導入してそれらの間の依存関係を管理しなければいけなくなります。この問題については後ほど議論します。

16.3.2.2　Action

　ユーザーの視点からは、ActionがFluxへの入り口となります。ユーザーがUIに対して行った操作はAction経由でDispatcherに届けられます。

　FluxパターンにおいてActionはDispatcherを補助するための副次的なパーツと言えますが、これはドメイン固有言語（Domain Specific Language、DSL）として機能します。つまり、ユーザーの操作は一段階高いレベルの言語へと翻訳され、Storeが意味を理解できるActionに変換されます。

　本書のサンプルアプリケーション（SurveyBuilder）では、以下の3つのActionが定義されています。

1. サーベイを追加する
2. サーベイを削除する
3. サーベイの結果を保存する

また、これらのActionを発行するための関数がSurveyActionsというオブジェクトで保持されています。

```
// client/app/flux/SurveyActions.js
var SurveyActions = {
  save: function (survey) {...},
  delete: function (id) {...},
  record: function (results) {...}
};
```

例えば、TakeSurveyコンポーネントにおいて、ユーザーがすべてのフォームを記入して［保存］ボタンをクリックした場合、propsのonSaveメソッドが呼び出されます。

```
// client/app/components/take_survey.js
var TakeSurvey = React.createClass({
  ...
  handleClick: function () {
    this.props.onSave(this.state.results);
  },
  render:function () {
    return (
      <div className="survey">
        ...
        <button ... onClick={this.handleClick}>保存</button>
      </div>
    );
  }
});
```

このpropsは上位コンポーネントのTakeSurveyCtrlにより定義されています。TakeSurveyCtrlはFluxパターンのController-Viewの役割を担います。ここで、onSaveはAction（SurveyActions.record呼び出し）へと変換されています。

```
// client/app/components/take_survey_ctrl.js
var TakeSurveyCtrl = React.createClass({
  ...
  handleSurveySave: function (results) {
    SurveyActions.record(results);
  },
  render:function () {
    var props = merge({}, this.state.survey, {
```

```
      onSave: this.handleSurveySave
    });
    return TakeSurvey(props);
  }
});
```

このようにユーザーの操作はコンポーネントツリーをさかのぼってDispatcherに届けられます。またその過程で、ユーザーの操作はアプリケーション固有のActionへと変換されます。

16.3.2.3 Store

Storeはアプリケーションのデータのやりとりを一手に引き受け、開発者はここにビジネスロジックを記述します。StoreはDispatcherに登録したコールバック関数経由でActionの通知を受け、自身の管理するデータに関係のあるActionの場合のみ応答します。そして結果的にデータが更新された場合、Storeはchangeイベントを発行してReactのコンポーネントツリーに更新を通知します。

Storeはアプリケーションの他の部分からは厳密に分離されるべきです。以下のルールに従うことでStoreの独立性が高まります。

- Storeはアプリケーションの**すべて**のデータを保有する
- アプリケーションの他の部分はデータの操作方法を知らない。したがって、Storeはアプリケーションで唯一データの変更が行われる場所である
- Storeはgetterメソッド（値を取得するためのメソッド）のみサポートし、setterメソッド（値を変更するためのメソッド）を持たない。データの変更はすべてDispatcherからのコールバック経由で行われる

以下はサンプルアプリケーションのStoreのコールバックです。ここでActionのタイプをチェックして、適切なメソッドを呼び出しています。

```
// client/app/components/app.js
Dispatcher.register(function (payload) {
  switch (payload.actionType) {
    ...
    case SurveyConstants.RECORD_SURVEY:
      SurveyStore.recordSurvey(payload.results);
      break;
  }
});
```

StoreはActionを受け取り、結果を保存し終えるとchangeイベントを発行します。

```
// client/app/flux/SurveyStore.js
SurveyStore.prototype.recordSurvey = function (results) {
```

```
    // サーベイの結果を保存する
    this.emitChange();
  }
```

changeイベントはapp.jsで定義されたメインのController-Viewにより処理されます。更新されたデータはReactのコンポーネントツリーの上から下に渡され、コンポーネントは必要に応じて再描画されます。

16.3.2.4 Controller-View

典型的なFluxパターンのアプリケーションでは、Viewのツリーの最上位のコンポーネントがStoreとのやりとりを受け持ちます。その場合、コンポーネントはController-Viewと呼ばれます。小規模なアプリケーションでは単一のController-Viewで事足りますが、より複雑なアプリケーションは複数のController-Viewを持つ場合があります。

本書のサンプルアプリケーションでは、app.jsで定義されているAppというコンポーネントがController-Viewとなります。ここで行われているStoreとのやりとりは非常にシンプルです。

1. コンポーネントがページに追加された際にchangeイベントリスナーを登録する
2. changeイベントを受信した場合、Storeからgetterメソッド経由でデータを取得してコンポーネントを更新する
3. コンポーネントがページから削除される際にchangeイベントリスナーを解除する

以下はAppコンポーネントがStoreとやりとりするコードの抜粋です。

```
// client/app/components/app.js
var App = React.createClass({
  handleChange: function () {
    SurveyStore.listSurveys(function (surveys) {
      // 取得したデータでコンポーネントを更新する
    });
  },
  componentDidMount: function () {
    SurveyStore.addChangeListener(this.handleChange);
  },
  componentWillUnmount: function () {
    SurveyStore.removeChangeListener(this.handleChange);
  },
  ...
});
```

16.3.3　複数のStoreを管理する

サンプルアプリケーションは規模が小さいので単一のStoreしか必要ありませんでしたが、アプリケーションの規模が大きくなると複数のStoreに処理を分けたい場面が生じてきます。例えば、あるStoreが他のStoreに依存している場合——他のStoreがActionを処理し終わるのを待ってから自身のActionの処理を開始したい場合など——は、Dispatcherの処理は複雑になります。

例えば、サンプルアプリケーションに新たにサーベイの結果を集計するためのStoreを追加することを想定してください。このStoreは安全に集計するために、すべての質問が保存されるのを待ってから処理を開始します。

これには、以下の変更が必要となります。

- DispatcherはActionをキューに格納するように変更する
- DispatcherはActionの処理が完了するまで処理を停止できるように変更する
- Dispatcherにコールバックを登録する際に、どのActionに対して待ち受けるか指定できるようにする

ここで、Store自体には変更を加えません。改変が必要なのはDispatcherおよびDispatcherに登録するコールバックです。

完全なリファクタリングは本書の範囲を超えるので、ここでは複数のStoreを扱う場合の主な問題点として、上記の例にとどめておきます。詳しくはFluxのリポジトリ（https://github.com/facebook/flux）を参照してください。

16.3.3.1　Dispatcherの改善

実際にサンプルアプリケーションを変更しましょう。元のDispatcherは登録されたコールバックを単純に配列に格納していましたが、実行順序を制御するために個々のコールバックを特定する必要があります。そのため、コールバック登録時にidを付与するようにDispatcherを変更します。このidは他のStoreのコールバック完了を待ち受けるためのトークンとして使用されます。

```
Dispatcher.prototype.register = function (callback) {
  var id = uniqueId('ID-');
  this.handlers[id] = {
    isPending: false,
    isHandled: false,
    callback: callback
  };
  return id;
};
```

次にDispatcherにwaitForというメソッドを追加します。これにより、あるStoreのコールバックを処理する前に別のコールバックを強制的に実行させることができます。以下のコードでは、idの配列を引数として渡しています。idはregisterメソッドの戻り値として受け取ったもので

す。このメソッドを使えば、指定したidのコールバックの処理がすべて完了してから処理を開始できます。

```
Dispatcher.prototype.waitFor = function (ids) {
  for (var i = 0; i < ids.length; i++) {
    var id = ids[i];
    if (!this.isPending[id] && !this.isHandled[id]) {
      this.invokeCallback(id);
    }
  }
};
```

RECORD_SURVEYのアクションに対して以下のふたつのStoreが待ち受けています。

- SurveyStoreはサーベイの結果を保存する
- SurveySummaryStoreはサーベイの結果を集計する

そして、SurveySummaryStoreはSurveyStoreがRECORD_SURVEYアクションの処理を完全に終えてから自身の集計処理を開始します。

最上位のAppコンポーネントでSurveyStoreのコールバックを登録する際に、Dispatcherの返すidを保存します。

```
// Dispatcherにコールバックを登録する
SurveyStore.dispatchToken = Dispatcher.register(function (payload) {
  switch (payload.actionType) {
    ...
    case SurveyConstants.RECORD_SURVEY:
      SurveyStore.recordSurvey(payload.results);
      break;
    ...
  }
});
```

さらにSurveySummaryStoreのコールバックの中で集計処理を始める前にDispatcherのwaitForメソッドを呼び出します。

```
SurveySummaryStore.dispatchToken = Dispatcher.register(function (payload) {
  switch (payload.actionType) {
    case SurveyConstants.RECORD_SURVEY:
      Dispatcher.waitFor(SurveyStore.dispatchToken);
      // この時点で SurveyStore のコールバックは実行済みなので、
      // データにアクセスしても問題ない。
      SurveySummaryStore.summarize(SurveyStore.listSurveys());
      break;
  }
```

        }
    });

16.4 まとめ

　この章ではReactを他のフレームワークもしくはアーキテクチャパターンと併用してアプリケーションを構築する方法を紹介しました。従来のMVCフレームワークを使用した既存のプロジェクトからFluxパターンを使用した新規プロジェクトまで、Reactの高い順応性について理解できたと思います。

　さまざまな環境に順応できるだけでなく、Reactを使用してさまざまな種類のアプリケーションを構築することができます。次の章ではデスクトップアプリケーション、ゲーム、メール、そしてデータビジュアライゼーションなどにおいてReactをどのように使用するか、事例を交えて紹介します。

17章
その他のユースケース

ReactはインタラクティブなUIを構築するための非常に強力なレンダリングライブラリです。Reactが提供するデータおよびユーザーの入力を処理する方式や、再利用可能でテストが容易な小さいコンポーネントを複数組み合わせてアプリケーションを構築するやり方は、Webアプリケーション以外の分野にも適用可能です。

この章では以下の分野へのReactの応用例を紹介します。

- デスクトップアプリケーション
- ゲーム
- メール
- データビジュアライゼーション

17.1 デスクトップアプリケーション

atom-shellやNW.jsのようなプロジェクトのおかげでWebアプリケーションをデスクトップでも動かせるようになりました。GitHub社が開発したAtomエディタはatom-shellとReactを使って実装されています。

ここではatom-shellを使って本書のサンプルアプリケーション（SurveyBuilder）を動かしてみましょう。

まずはatom-shellをリポジトリのページ（https://github.com/atom/atom-shell）からダウンロードしてください。

以下のスクリプトをatom-shellで実行するとサンプルアプリケーションがデスクトップのウィンドウ内に表示されます（図17-1）。

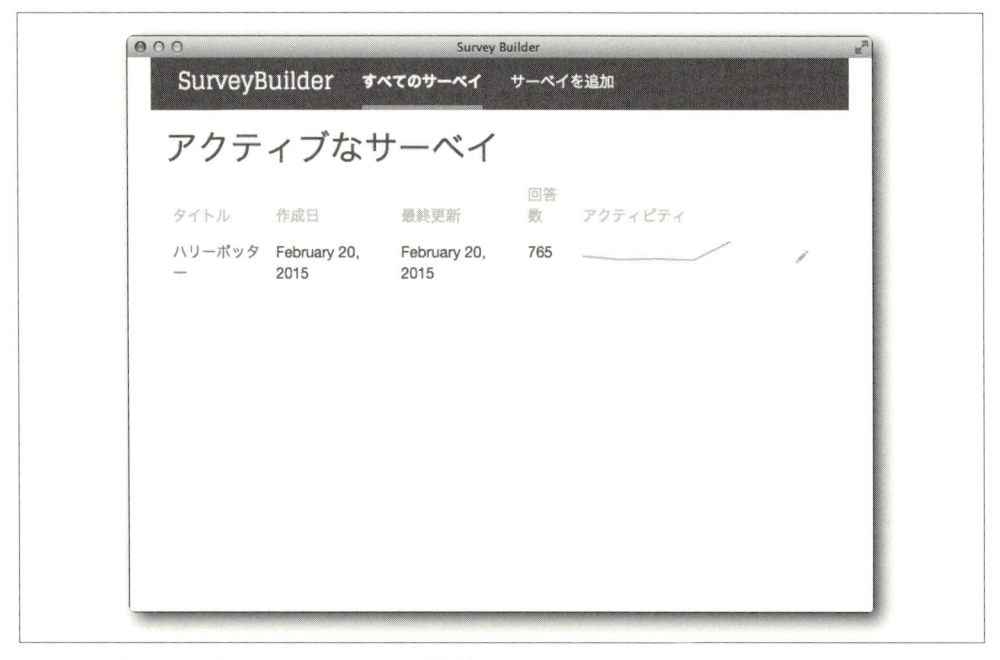

図17-1　デスクトップアプリケーションへの適用例

```
// desktop.js
var app = require('app');
var BrowserWindow = require('browser-window');
// SurveyBuilderのサーバーをロードして起動する
var server = require('./server/server');
server.listen('8080');

// クラッシュした場合に通知する
require('crash-reporter').start();

// WindowオブジェクトがGCされないようにグローバル変数に保持する
var mainWindow = null;

// すべてのWindowが閉じられた際に終了する
app.on('window-all-closed', function () {
  if (process.platform != 'darwin')
    app.quit();
});

// atom-shellの初期化が完了して
// ブラウザウィンドウが作成できる状態になった際に呼ばれる関数
app.on('ready', function () {
```

```
    // ブラウザウィンドウを作成する
    mainWindow = new BrowserWindow({width: 800, height: 600});

    // アプリケーションのトップページをロードする
    mainWindow.loadUrl('http://localhost:8080/');

    // Windowが閉じられた際に呼ばれる関数
    mainWindow.on('closed', function () {
        // Windowオブジェクトへの参照をクリアする
        // 複数のWindowを表示するアプリケーションの場合、
        // 各Windowオブジェクトを配列に格納して管理する
        mainWindow = null;
    });
});
```

atom-shellやNW.jsのようなプロジェクトを利用することで、Webアプリケーションと同じ技術をデスクトップでも使用することができます。つまり、デスクトップ上のインタラクティブなアプリケーションを構築するためにReactを使用することができるのです。

17.2 ゲーム

一般的にゲームでは高度な操作が要求されます。プレイヤーはゲームの状態変化に即座に反応しなければなりません。これは、多くのWebアプリケーションがコンテンツを表示もしくは作成するだけであるのとは対照的です。ゲームは本質的に状態機械（state machine）であり、以下の基本的な役割を持ちます。

1. 画面の更新
2. イベントへの反応

一方、本書の冒頭で述べたとおり、Reactはあえて責任範囲を限定することで、以下の2点に対してのみ責任を果たします。

1. DOMの更新
2. イベントへの反応

Reactとゲームの類似点は他にもあります。というのも、Reactの仮想DOMの方式は、高性能3Dゲームエンジンに着想を得たものだからです。

Reactをゲームに適用した例として、ここでは『2048』というゲームの実装を取り上げます。このゲームは盤面に数字が書かれたマスを並べ、同じ数字同士を足し合わせて2048に達した時点でゲームクリアになります（図17-2）。

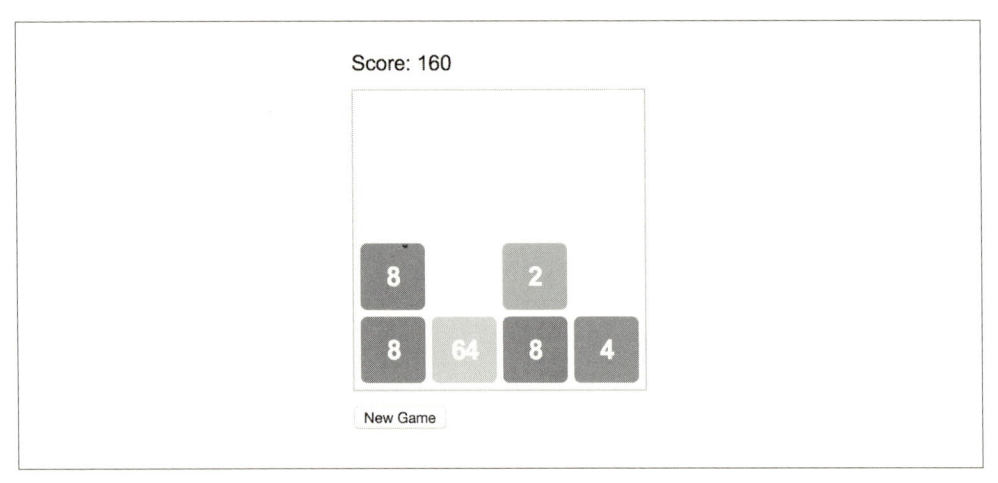

図17-2　ゲームへの適用例

　早速、実装を見てみましょう（http://jsfiddle.net/karlmikko/cdnh399c/）。ソースコードは主にふたつの部分に分かれます。前半はゲームロジックを実装したグローバル関数で、後半はReactコンポーネントの定義です。先頭に登場するのは盤面の初期値が定義されたデータ構造となります。

```
var initial_board = {
    a1:null, a2:null, a3:null, a4:null,
    b1:null, b2:null, b3:null, b4:null,
    c1:null, c2:null, c3:null, c4:null,
    d1:null, d2:null, d3:null, d4:null
};
```

　盤面のデータはJavaScriptのオブジェクトで、各マス目のCSSクラス名がオブジェクトのキーになっています。その後に続く一連の関数は、盤面のデータを操作するための関数群です。これらの関数は先のオブジェクトに変更を加えるのではなく、そのつど新しいオブジェクトを作成して返す、いわゆるイミュータブルなメソッドになっています。この方式にはいくつか利点があって、マス目を動かす前と後で盤面の比較ができます。また、ゲームの状態を変更することなく、マス目移動のシミュレーションができます。

　盤面のオブジェクトで他に特徴的な点は、マス目のデータを共有する構造になっていることです。すべてのオブジェクトは同じマス目を共有しています。それにより、盤面のデータを非常に速く作成することができ、また、盤面のオブジェクト同士の比較が容易になっています。

　そして、ゲームのUIはふたつのReactコンポーネント、`GameBoard`と`Tiles`により構成されています。

　`Tiles`は典型的なReactコンポーネントであり、`props`経由で受け取った盤面のデータをもとに、すべてのマス目を描画します。このコンポーネントはCSSアニメーションを使用しています。

```
var Tiles = React.createClass({
  render: function () {
    var board = this.props.board;
    // DOM要素の順番が変わらないようにあらかじめ盤面のデータをソートする
    var tiles = used_spaces(board).sort(function (a, b) {
      return board[a].id - board[b].id;
    });
    return <div className="board">{
      tiles.map(function (key) {
        var tile = board[key];
        var val = tile_value(tile);
        return <span key={tile.id} className={key + " value" + val}>
          {val}
        </span>;
      })}
    </div>;
  }
});
...
<!-- マス目の出力例 -->
<div class="board" data-reactid=".0.1">
  <span class="d2 value64" data-reactid=".0.1.$2">64</span>
  <span class="d1 value8" data-reactid=".0.1.$27">8</span>
  <span class="c1 value8" data-reactid=".0.1.$28">8</span>
  <span class="d3 value8" data-reactid=".0.1.$32">8</span>
</div>
...
/* マス目のアニメーションのためのCSS */
.board span{
  /* ... */
  transition: all 100ms linear;
}
```

もう一方のGameBoardは状態機械であり、プレイヤーの矢印キーおよびボタンクリックの操作に反応してゲームロジックの関数を呼び出し、盤面の状態を更新します。

```
var GameBoard = React.createClass({
    getInitialState: function () {
        return this.addTile(this.addTile(initial_board));
    },
    keyHandler:function (e) {
        var directions = {
            37: left,
            38: up,
            39: right,
            40: down
        };
```

```
            if (directions[e.keyCode]
            && this.setBoard(fold_board(this.state, directions[e.keyCode]))
            && Math.floor(Math.random() * 30, 0) > 0) {
                setTimeout(function () {
                    this.setBoard(this.addTile(this.state));
                }.bind(this), 100);
            }
        },
        setBoard:function (new_board) {
            if (!same_board(this.state, new_board)) {
                this.setState(new_board);
                return true;
            }
            return false;
        },
        addTile:function (board) {
            var location = available_spaces(board).sort(function () {
              return .5 - Math.random();
            }).pop();
            if (location) {
                var two_or_four = Math.floor(Math.random() * 2, 0) ? 2 : 4;
                return set_tile(board, location, new_tile(two_or_four));
            }
            return board;
        },
        newGame:function () {
            this.setState(this.getInitialState());
        },
        componentDidMount:function () {
            window.addEventListener("keydown", this.keyHandler, false);
        },
        render:function () {
            var status = !can_move(this.state)?" - Game Over!":"";
            return <div className="app">
                <span className="score">
                    Score: {score_board(this.state)}{status}
                </span>
                <Tiles board={this.state} />
                <button onClick={this.newGame}>New Game</button>
            </div>;
        }
    });
```

　GameBoardコンポーネントでは、プレイヤーが盤面を操作できるようにイベントハンドラを登録します。矢印キーが押されるたびにゲームロジックの関数を呼び出して新しい盤面データを作成し、setBoardメソッドを呼び出します。setBoardメソッドでは盤面データの内容が前回と異な

れば、GameBoardコンポーネントのstateを更新します。このように不要な状態更新を避けることでパフォーマンスが向上します。

GameBoardコンポーネントのrenderメソッドでは盤面データを渡してTilesコンポーネントを描画するとともに、スコアとボタンを描画します。

addTileメソッドは矢印キーが押されるたびに呼び出され、盤面が埋まって続行不可能になるまで、新しいマス目を追加します。

上記の実装は非常に柔軟な構造を持っているため、ゲームにアンドゥ機能を簡単に追加できます。盤面に加えられたすべてのを履歴としてGameBoardコンポーネントのstateに保存することで、アンドゥボタンを実装したコード例が以下です。

http://jsfiddle.net/karlmikko/ouxn3qc1/

この実装は非常にシンプルであり、Reactのおかげでビューの同期を気にすることなくゲームロジックとプレイヤーとのやりとりに集中することができることを示す良い例と言えます。

17.3　HTMLメール

ReactはWebアプリケーションを構築するために最適化されていますが、HTMLを作成するためのツールととらえることができます。ということは、極端な話、Reactアプリケーションの成果物をそのままHTMLメールに転用することもできるはずです。

メールクライアントで正しく表示するには、HTMLメールは<table>タグを使用して書かれなければいけません。我々は、HTMLメールを作成するために時計の針を1999年に巻き戻す必要があります。

すべてのメールクライアントで正しく表示するのは至難の業です。Reactを使うかどうかにかかわらず、HTMLメールを作成するには多くの困難が伴いますが、ここでそれらのほんの一部でも紹介できればと思います。

ReactでHTMLメールを作成するには、React.renderToStaticMarkupを使用します。この関数は与えられたコンポーネントツリーをHTML文字列へと変換します。React.renderToStringとの唯一の違いは、React.renderToStaticMarkupは独自データ属性を出力しない点です。React.renderToStringはクライアント側でDOMを再利用するために自動的にdata-react-idのような独自データ属性を追加しますが、HTMLメールの場合ブラウザで表示するわけではないので、こういった属性は必要ありません。

デスクトップとモバイルで、それぞれ図17-3や図17-4のようなデザインのHTMLメールをReactで作成してみましょう。

図17-3　HTMLメールへの適用例（デスクトップ）

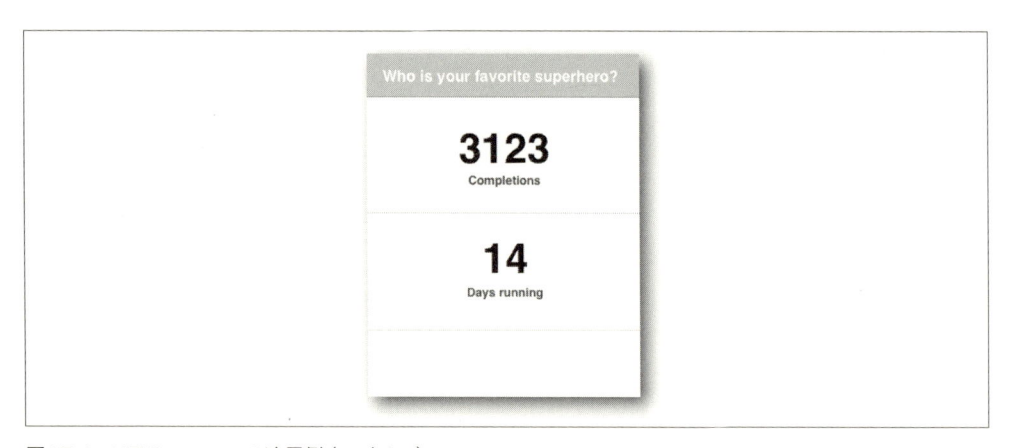

図17-4　HTMLメールへの適用例（モバイル）

以下のスクリプトはメールのHTMLをログ出力します。

```
// render_email.js
var React = require('react');
var SurveyEmail = require('survey_email');
```

```
var survey = {};

console.log(
  React.renderToStaticMarkup(<SurveyEmail survey={survey} />)
);
```

そして、以下はメール本体を構成するReactコンポーネントです。まずはHTMLドキュメントを表す`<Email>`コンポーネントからです。

```
var Email = React.createClass({
  render: function () {
    return (
      <html>
        <body>
          {this.prop.children}
        </body>
      </html>
    );
  }
});
```

そしてその`<Email>`コンポーネントを使用する`<SurveyEmail>`コンポーネントです。

```
var SurveyEmail = React.createClass({
  propTypes: {
    survey: React.PropTypes.object.isRequired
  },
  render: function () {
    var survey = this.props.survey;
    return (
      <Email>
        <h2>{survey.title}</h2>
      </Email>
    );
  }
});
```

次に、`<Email>`コンポーネントと並ぶ形で`<KPI>`コンポーネントをふたつ表示します。`<KPI>`はデスクトップのメールクライアントでは横に並べて表示し、また、モバイル端末では上下に並べて表示したい項目です。これらふたつのコンポーネントはほとんど構造が同じなので、同一のコンポーネントとして作成します。

```
var KPI = React.createClass({
  render: function () {
    return (
      <table className='kpi'>
```

```
      <tr>
        <td>{this.props.kpi}</td>
      </tr>
      <tr>
        <td>{this.props.label}</td>
      </tr>
    </table>
  );
  }
});
```

作成したコンポーネントを<SurveyEmail>に追加しましょう。

```
var SurveyEmail = React.createClass({
  propTypes: {
    survey: React.PropTypes.object.isRequired
  },
  render: function () {
    var survey = this.props.survey;
    var completions = survey.activity.reduce(function (memo, ac) {
      return memo + ac;
    }, 0);
    var daysRunning = survey.activity.length;

    return (
      <Email>
        <h2>{survey.title}</h2>
        <KPI kpi={completions} label='累積サーベイ数' />
        <KPI kpi={daysRunning} label='日次平均サーベイ数' />
      </Email>
    );
  }
});
```

上記のコードでは<KPI>は上下に並んで表示されます。しかし、もともとのデザイン要求はデスクトップでは左右に並んで表示されるというものでした。デスクトップとモバイルで要求どおり表示するために、なんらかの対策を施さなければいけません。

そこで、<Email>コンポーネントに以下のようにCSSファイルを追加しましょう。

```
var fs = require('fs');
var Email = React.createClass({
  propTypes: {
    responsiveCSSFile: React.PropTypes.string
  },
  render: function () {
    var responsiveCSSFile = this.props.responsiveCSSFile;
```

```
      var styles;
      if (responsiveCSSFile) {
        styles = <style>{fs.readFileSync(responsiveCSSFile)}</style>;
      }
      return (
        <html>
          <body>
            {styles}
            {this.prop.children}
          </body>
        </html>
      );
    }
  });
```

最終的に、`<SurveyEmail>`コンポーネントは以下のようになります。

```
  var SurveyEmail = React.createClass({
    propTypes: {
      survey: React.PropTypes.object.isRequired
    },

    render: function () {
      var survey = this.props.survey;
      var completions = survey.activity.reduce(function (memo, ac) {
        return memo + ac;
      }, 0);

      var daysRunning = survey.activity.length;

      return (
        <Email responsiveCSS='path/to/mobile.css'>
          <h2>{survey.title}</h2>
          <table className='for-desktop'>
            <tr>
              <td>
                <KPI kpi={completions} label='累積サーベイ数' />
              </td>
              <td>
                <KPI kpi={daysRunning} label='日次平均サーベイ数' />
              </td>
            </tr>
          </table>
          <div className='for-mobile'>
            <KPI kpi={completions} label='累積サーベイ数' />
            <KPI kpi={daysRunning} label='日次平均サーベイ数' />
          </div>
```

```
        </Email>
      );
    }
  });
```

　上記のコードでは、`<Email>`コンポーネントの子ノードを`for-desktop`と`for-mobile`という ふたつのグループに分けています。残念ながらメールクライアントは通常、`float: left`のよう なスタイルをサポートしておらず、またReactは`align`と`valign`の属性はHTMLの仕様から削除 されたためサポートしていません。それゆえ、ここではCSSを使って、スクリーンサイズにより ふたつのグループのどちらかを非表示にするという手法をとっています。

　このように、`<table>`タグを使用しないといけないという制限はあるものの、再利用およびテ スト可能なコンポーネントを組み合わせてインタラクティブなUIを構築できるという、ブラウザ でReactを使う際の利点の多くがHTMLメールでも得られます。

17.4　データビジュアライゼーション

　本書のサンプルアプリケーション（SurveyBuilder）を拡張し、提出されたサーベイの件数を1日 単位で集計してグラフにする機能を追加したいとします。ここでは、サーベイの提出状況が一目で わかるように、Sparklineコンポーネントを実装します。

　Reactは`<SVG>`タグをサポートしているため、簡単なSVGであればすぐに表示できます。 Sparklineコンポーネントは単一の`<path>`要素を持つ`<SVG>`タグを出力します。最終的なコード は以下のようになります。

```
var Sparkline = React.createClass({
  propTypes: {
    points: React.PropTypes.arrayOf(React.PropTypes.number).isRequired
  },

  render: function () {
    var width = 200;
    var height = 20;
    var path = this.generatePath(width, height, this.props.points);

    return (
      <svg width={width} height={height}>
        <path d={path} stroke='#7ED321' strokeWidth='2' fill='none' />
      </svg>
    );
  },

  generatePath: function (width, height, points) {
    var maxHeight = arrMax(points);
```

```
      var maxWidth = points.length;

      return points.map(function (p, i) {
        var xPct = i / maxWidth * 100;
        var x = (width / 100) * xPct;
        var yPct = 100 - (p / maxHeight * 100);
        var y = (height / 100) * yPct;

        if (i === 0) {
          return 'M0,' + y;
        }
        else {
          return 'L' + x + ',' + y;
        }
      }).join(' ');
    }
  });
```

　上記のSparklineコンポーネントはグラフの点を表す数値の配列を入力として受け取り、SVGを出力します。一番興味深いのはgeneratePathメソッドで、ここではグラフの各点の表示位置を計算して返します。

　generatePathメソッドは"M0,30 L10,20 L20,50"のような文字列を返します。SVGはこれを描画コマンドとして解釈します。それぞれのコマンドはスペースで区切られています。例えば"M0,30"はカーソルを座標(x:0, y:30)に移動するコマンドです。そして次に"L10,20"は現在のカーソルの位置から(x:10, y:20)まで線を引く、という具合にコマンドが続きます。

　このように座標位置を計算するためのメソッドを自分で用意することは、特に大きなグラフの場合骨が折れる作業です。けれどもD3のようなライブラリを使えば格段に楽になります[1]。以下のコードでは、D3の提供するscale関数を使用してpathのデータを作成しています。

```
  var Sparkline = React.createClass({
    propTypes: {
      points: React.PropTypes.arrayOf(React.PropTypes.number).isRequired
    },

    render: function () {
      var width = 200;
      var height = 20;
      var points = this.props.points.map(function (p, i) {
        return { y: p, x: i };
      });
```

---

[1] 訳注：D3.jsはデータビジュアライゼーションのためのJavaScriptライブラリです。詳しくはhttp://d3js.orgを参照してください。

```
    var xScale = d3.scale.linear()
      .domain([0, points.length])
      .range([0, width]);

    var yScale = d3.scale.linear()
      .domain([0, arrMax(this.props.points)])
      .range([height, 0]);

    var line = d3.svg.line()
      .x(function (d) { return xScale(d.x) })
      .y(function (d) { return yScale(d.y) })
      .interpolate('linear');

    return (
      <svg width={width} height={height}>
        <path d={line(points)} stroke='#7ED321' strokeWidth='2' fill='none' />
      </svg>
    );
  }
});
```

17.5 まとめ

この章では以下のことを学びました。

1. Reactはブラウザで動作するWebアプリケーションだけでなく、デスクトップアプリケーションやHTMLメールの作成にも利用可能である
2. ゲームの開発でReactを利用する方法
3. ReactをD3のようなライブラリと併用してデータビジュアライゼーションの用途で使用する方法

お疲れさまでした。本書はこれで終了です。本書のすべての章をコンプリートした読者は、Reactを使ってさまざまなアプリケーションを作れるはずです。読者の皆さんがおもしろいアプリケーションを作ってくれることを筆者らは願っています。

付録A
開発環境の構築について

宮崎 空●グリー株式会社

本付録は日本語版オリジナルの記事です。本書ではサンプルコードをもとにReactを使ったプログラミングについて解説していますが、実際にサンプルコードを動かすには、開発環境を構築する必要があります。最も手っ取り早い方法は、JSFiddle (http://jsfiddle.net/vjeux/kb3gN/) のサイトを利用することですが、本稿ではローカルに開発環境を構築する手順を説明します。

A.1 Reactの配布形態

Reactには開発版と製品版があります。開発版（Development Build）のReactは非圧縮で、コメントやエラー情報も残されたままなので、何か問題が起きたときにデバッグが容易です。一方、製品版（Production Build）のReactは圧縮されており、デバッグに必要な情報はすべて除去されているため、高速に動作します。通常、アプリケーション開発時には開発版のReactを使い、開発が完了して本番環境にデプロイする際に製品版のReactに差し替えます。

また、Reactにはアドオンが同梱されたものとアドオンなしのものがあります。アドオンには種々のMixinやヘルパー関数、テストやパフォーマンスチューニングのツールなど、Reactを使ったアプリケーション開発を補助するためのモジュール一式が含まれます。もしアドオンのモジュールをいっさい使用しないのであれば、アドオンなしのバージョンを使ったほうが、ファイルサイズを節約できます。

まとめると、開発版か製品版か、また、アドオンの有無によって、以下の4種類のReactが存在します。

- 開発版、アドオンなし（React development）
- 製品版、アドオンなし（React production）
- 開発版、アドオンあり（React with Add-Ons development）
- 製品版、アドオンあり（React with Add-Ons production）

これらのファイルはオフィシャルサイトで配布されていますが、それ以外にも、npm（Node

Package Manager）やbowerなどのパッケージ管理ツール経由で入手できます。

以降では、これらを使ってReactの開発環境を構築します。

A.2　開発環境の構築

「モダンな」フロントエンド開発はNodeを使います。これはNodeのパッケージ管理ツールであるnpmを中心に、フロントエンド開発のための種々のツールのエコシステムが形成されているからです。14章ではnpmで提供されているBrowserifyやWebpackといったビルドツールを使った開発環境について説明しましたが、旧来どおりNodeを使わずにReactの環境を構築することも可能です。ここでは、Nodeを使わない環境構築手順およびFacebookのオフィシャルツールであるreact-toolsについて説明します。

A.2.1　ファイル構成

Nodeを使わない場合はオフィシャルサイトで配布されているReactのファイルをダウンロード（もしくはFacebookなどが自身のサーバーでホストしているファイルにアクセス）して使用します。

以下は、この節で構築するサンプルアプリケーションHelloのファイル構成です。

```
Hello
 |
 + - index.html
 |
 + - jsx
 |    |
 |    + - app.js
 |
 + - js
      |
      + - react.js
      |
      + - JSXTransformer.js
```

index.html
　　HTMLファイル

jsx/app.js
　　アプリケーションのコードを記述するファイル

js/react.js
　　オフィシャルサイトからダウンロードしたReactのファイル

```
js/JSXTransformer.js
```
オフィシャルサイトからダウンロードしたJSXTransformerのファイル

A.2.2　Reactファイルの取得

まずは`react.js`ファイルを用意します。Reactのオフィシャルサイト（http://facebook.github.io/react/downloads.html）で最新バージョン（本稿執筆時点ではv0.13.0）のファイルが公開されています（図A-0）。先述の4種類のReactの個々のファイルへのリンク（「Individual Downloads」のセクション）があるので、適切なファイルをダウンロードして、`js/react.js`に保存します。

図A-1　Reactのオフィシャルサイト

次に、`index.html`ファイルを作成して、以下のように記述してください。

```
<!DOCTYPE html>
<body>
<script src="js/react.js"></script>
<script src="jsx/app.js" type="text/jsx"></script>
</body>
```

これで準備完了です。簡単なコードを書いてみましょう。以下は「Hello, world!」を表示するJavaScriptです。

```
React.render(
  <h1>Hello, world!</h1>, document.body
);
```

このファイルをjsx/app.jsに保存してください。

この時点でindex.htmlファイルをブラウザで開いても何も表示されません。これは、ブラウザはJSXを解釈できないからです。正しく動作させるには、JSXをJavaScriptに変換する処理が必要になります。これには事前に変換しておくやり方と、ブラウザ上でリアルタイムに変換するやり方があります。事前に変換するにはビルドツールが必要となるため、まずは後者の方法から説明します。

A.2.3　JSXTransformerを使用してリアルタイムにJSX変換する

ブラウザ上でリアルタイムにJSXからJavaScriptへ変換するには、JSXTransformerというライブラリを使用します。JSXTransformerはReactと同様、オフィシャルサイトで配布されているので、ファイルをダウンロードして、js/JSXTransformer.jsに保存します。

さらに、以下のようにindex.htmlにJSXTransformerを追加してください。

```
<!DOCTYPE html>
<body>
<script src="js/react.js"></script>
<script src="js/JSXTransformer.js"></script>
<script src="jsx/app.js" type="text/jsx"></script>
</body>
```

index.htmlをロードし直すと「Hello, world!」と表示されます（図A-2）。

図A-2　Hello, world!

A.2.4　react-toolsを使用して事前にJSX変換する

　事前にJSXをJavaScriptに変換するにはビルドツールを使います。ここでは、14章で紹介しなかったreact-toolsを使用します。react-toolsはFacebookのオフィシャルツールで、npmのパッケージとして配布されています。以下のコマンドでreact-toolsをインストールしてください。

```
$ npm install -g react-tools
```

　これでローカルの環境にreact-toolsがインストールされました。以下のように実行してください。

```
$ jsx ./jsx ./js
```

　react-toolsのjsxコマンドは入力ディレクトリと出力ディレクトリを引数として受け取り、入力ディレクトリ内のJSXが記述されたファイルをすべてJavaScriptに変換して出力ディレクトリへ書き込みます。この場合は、jsディレクトリにapp.jsというファイルが作成されて、以下のようにJSXがJavaScriptに変換されています。

```
React.render(
  React.createElement("h1", null, "Hello, world!"), document.body
);
```

　これでブラウザが解釈できる形式になったので、index.htmlファイルを変更します。今回はJSXTransformerは使いません。jsディレクトリのapp.jsを直接ロードします。

```
<!DOCTYPE html>
<body>
<script src="js/react.js"></script>
<script src="js/app.js"></script>
</body>
```

　index.htmlをロードし直すと「Hello, world!」と表示されます。
　また、以下のように--watchオプションを付けることで、入力ディレクトリ内のファイルが更新されたときに、自動的に変換処理が実行されるようになります。

```
$ jsx --watch ./jsx ./js
```

　その他のオプションについては、react-toolsのパッケージのオフィシャルサイト（https://www.npmjs.com/package/react-tools）を参照ください。

A.3　本書のサンプルアプリケーション

本書ではSurveyBuilderというサンプルアプリケーションが頻繁に登場します。ここではSurveyBuilderを入手して実際に動かしてみるまでの手順を説明します。

A.3.1　ソースコードのダウンロード

日本語版のソースコードはオライリー・ジャパンのサイトから入出可能です。

　　　http://www.oreilly.co.jp/books/9784873117195

また、サンプルアプリケーションを実行するにはローカルにNodeがインストールされている必要があります。Nodeのオフィシャルサイト（http://nodejs.org/download/）でWindowsおよびMacのインストーラが配布されているので、使用環境に合わせてインストールしてください。

A.3.2　サンプルアプリケーションの実行

ダウンロードしたzipファイル（survey_builder.zip）を展開すると、survey_builderディレクトリが作成されるので、まずはそのディレクトリに移動します。

```
$ cd survey_builder
```

survey_builderディレクトリ直下のpackage.jsonファイルには、SurveyBuilderが依存するnpmのパッケージのリストが記述されています。dependenciesセクションにはSurveyBuilderの実行に必要なパッケージ、devDependenciesセクションには開発に必要なビルドツールなどのパッケージが記述されています。以下のコマンドでそれらすべてをインストールしてください。

```
$ npm install
```

npm installコマンドにより、すべての依存パッケージがリモートからダウンロードされて、ローカルのnode_modulesディレクトリにインストールされます。

次に、SurveyBuilderをビルドします。ビルドの処理はpackage.jsonファイルのscriptsセクションに記述されています。以下のコマンドで実行できます。

```
$ npm run build
```

これで実行の準備が整いました。SurveyBuilderはローカルのWebサーバーとして起動します。サーバー起動の処理もpackage.jsonファイルのscriptsセクションに記述されています。以下のコマンドで実行できます。

```
$ npm start
```

SurveyBuilderは環境変数PORTで指定されている値か、何も指定されいない場合は8080番の

ポートで起動します。ブラウザでhttp://localhost:8080にアクセスして、図A-3のような画面が表示されたら成功です。

図A-3　Hello, world!

付録B
APIリファレンス

宮崎 空●グリー株式会社

本付録は日本語版オリジナルの記事です。本稿ではReactのAPIについて説明します。ReactのAPIは以下の3つに大別できます。

- トップレベルAPI
- コンポーネントAPI
- コンポーネント仕様

コンポーネント仕様の一部であるライフサイクルメソッドについては3章で詳しく説明されていますが、他のAPIについては部分的にしか触れられていません。本稿では改めてすべてのAPIの定義を順番に説明します。なお、本稿執筆時点での最新バージョン（v0.13）に準拠します。

B.1 用語の整理

APIの説明に入る前に用語を整理しておきます。ひとくちにコンポーネントと言っても、異なる概念を指す場合があるからです。以下の概念を区別することは重要です。

コンポーネント仕様
: `React.createClass()`に引数として渡すオブジェクト。`render`メソッドなどのライフサイクルメソッドを定義します。

コンポーネントクラス
: `React.createClass()`の戻り値として得られるオブジェクトか、もしくはES6 class。JSXにタグ名として直接記述するか、`React.createElement()`の引数として渡します。

ReactElement
: `React.createElement()`の戻り値として得られるオブジェクト。JSXを使用している場合はReactElementの存在を意識する必要はありませんが、内部的にはすべてのコン

ポーネントクラスはReactElementへと変換されます。また、ReactElementはReact.render()の第一引数やrenderメソッドの戻り値において使用されます。

コンポーネントインスタンス
　　ReactElementをもとにReactが生成するオブジェクト。コンポーネント仕様で定義したメソッド内で、this経由で参照できます。外部からコンポーネントインスタンスにアクセスするにはReact.render()の戻り値もしくはref属性経由で参照を取得します。

これらの関係を図B-1に示します。

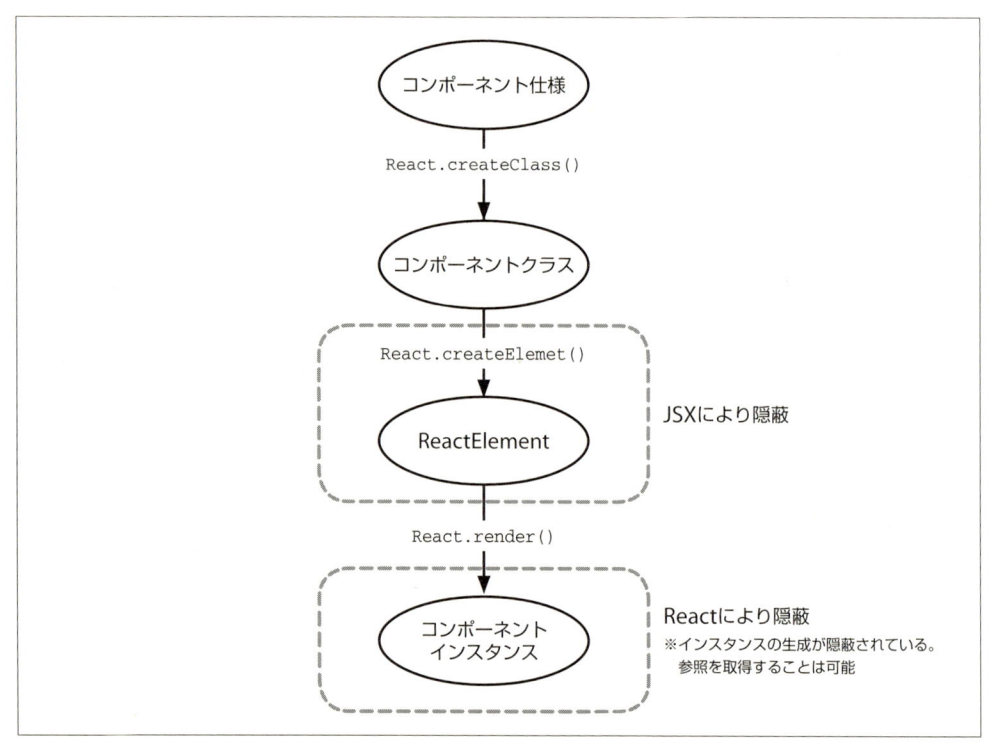

```
          ┌─────────────────┐
          │ コンポーネント仕様 │
          └─────────────────┘
                   │ React.createClass()
                   ▼
          ┌─────────────────┐
          │ コンポーネントクラス │
          └─────────────────┘
                   │ React.createElemet()
                   ▼
          ┌─────────────────┐
          │  ReactElement    │    JSXにより隠蔽
          └─────────────────┘
                   │ React.render()
                   ▼
          ┌─────────────────┐
          │ コンポーネント   │    Reactにより隠蔽
          │ インスタンス     │    ※インスタンスの生成が隠蔽されている。
          └─────────────────┘    参照を取得することは可能
```

図B-1　コンポーネント

B.2　トップレベルAPI

B.2.1　React

　　Reactはライブラリとしてのエントリポイントです。Reactをオフィシャルサイトからダウンロードして<script>タグ経由でロードして使用する場合、Reactの参照はグローバルなネームス

ベースでアクセス可能です。一方、React を npm のパッケージとしてインストールして使用する場合、require() 経由で React の参照を取得できます。以下に React 配下のトップレベル API を挙げます。

B.2.2　React.createClass

```
ReactClass createClass(object specification)
```

引数
- specification ── コンポーネントの仕様が定義されたオブジェクト

戻り値
コンポーネントクラス

説明
与えられたコンポーネント仕様をもとにコンポーネントクラスを作成します。コンポーネント仕様では、少なくとも render メソッドが定義されていなければいけません。作成されるコンポーネントクラスは、通常の prototype ベースのクラスのように new 演算子を使ってインスタンスを生成することはできません。コンポーネントインスタンスの生成は、描画時に React により内部的に行われます。

> **ES6 の class 定義**
> React v0.13 から、ECMAScript Edition 6 (ES6) の class 定義が React.createClass() で定義したコンポーネントクラスと同様に扱えるようになりました。ただし、ES6 の class でコンポーネントを定義した場合、メソッド内で this にコンポーネントが自動的にバインドされなかったり、Mixin が使用できないなどの制限があります。それらの機能を使用したい場合は、引き続き React.createClass() を使用することになります。

B.2.3　React.createElement

```
ReactElement createElement(
  string/ReactClass type,
  [object props],
  [children ...]
)
```

引数

- `type` —— div や span などの HTML タグ名を表す文字列か、もしくは React.createClass() で作成されたコンポーネントクラス
- `props`（省略可能）—— コンポーネントのプロパティを格納するオブジェクト
- `children`（省略可能）—— 子ノード（ReactElement／文字列／数値、およびそれらの配列）

戻り値

ReactElement

説明

指定された type の ReactElement を作成します。この関数は可変長引数となっており、3番目以降の引数には子ノードを複数個渡すことができます。

JSX を使う場合は React.createElement() を直接呼び出す必要はありません。例えば以下の呼び出しは、

```
var root = React.createElement('div', {className:'divider'},
            React.createElement('h2', null , children),
            React.createElement(MyComponent, props, 'Hello')
          );
React.render(root, document.body);
```

JSX を使えば以下のように記述できます。

```
var root = <div className="divider">
             <h2>{children}</h2>
             <MyComponent {...props}>Hello</MyComponent>
           </div>;
React.render(root, document.body);
```

B.2.4　React.createFactory

```
factoryFunction createFactory(
  string/ReactClass type
)
```

引数

- `type` —— HTML タグ名もしくはコンポーネントクラス（React.createElement() の引数 type と同じ）

戻り値

以下のシグネチャを持つファクトリー関数

```
ReactElement factoryFunction(
```

```
      [object props],
      [children ...]
    )
```

説明

指定された type の ReactElement を作成するファクトリー関数を返します。同じ type で React.createElement() を何度も呼び出す場合は、ファクトリー関数を使ったほうがコードが簡潔になります。例えば以下の呼び出しは、

```
    var d1 = React.createElement('div', null, t1);
    var d2 = React.createElement('div', null, t2);
    var d3 = React.createElement('div', null, t3);
```

ファクトリー関数を使えば以下のように記述できます。

```
    var div = React.createFactory('div');
    var d1 = div(null, t1);
    var d2 = div(null, t2);
    var d3 = div(null, t3);
```

B.2.5 React.render

```
ReactComponent render(
  ReactElement element,
  DOMElement container,
  [function callback]
)
```

引数

- element —— ReactElement
- container —— コンポーネントを追加する対象となる DOM 要素
- callback（省略可能）—— コンポーネントの描画が完了した時点で呼び出されるコールバック関数

戻り値

コンポーネントインスタンス

説明

受け取った ReactElement をもとにコンポーネントインスタンスを生成し、指定された DOM 要素の子ノードとして描画します。コンポーネントインスタンスの生成は、React.render() 呼び出しにより隠蔽されています。

受け取った ReactElement がすでに同じ container の子ノードとして描画済みであれば、React.render() はコンポーネントインスタンスを新たに生成せず、既存のコンポー

ネントを再描画します。その場合は既存のコンポーネントインスタンスが戻り値として返されます。以下の例では、c1とc2は同一のオブジェクトです。

```
var c1 = React.render(MyComponent, document.body);
var c2 = React.render(MyComponent, document.body);
c1 === c2 // true
```

React.render()はトップレベルAPIであり、ライフサイクルメソッドのrenderと混同しないように注意してください。

B.2.6 React.unmountComponentAtNode

```
boolean unmountComponentAtNode(DOMElement container)
```

引数

- container —— コンポーネントを削除する対象となるDOM要素

戻り値

コンポーネントをDOMから削除した場合はtrue／何も削除しなかった場合はfalse

説明

すでに描画されたコンポーネントをDOMから削除します。この関数を呼び出すことにより、コンポーネントのライフサイクルメソッドcomponentWillUnmount()が呼び出されます。

B.2.7 React.renderToString

```
string renderToString(ReactElement element)
```

引数

- element —— ReactElement

戻り値

独自データ属性を含むHTML文字列

説明

指定されたReactElementをDOMではなくHTMLとして描画します。このAPIは主にサーバーサイドレンダリングの目的で使用されます。React.renderToString()は同期関数で、戻り値のHTMLにはdata-reactidやdata-react-checksumなどの独自データ属性が含まれます。サーバーサイドレンダリングについては12章を参照ください。

B.2.8　React.renderToStaticMarkup

```
string renderToStaticMarkup(ReactElement element)
```

引数
- element —— ReactElement

戻り値
独自データ属性を含まないHTML文字列

説明
data-reactidやdata-react-checksumなどの独自データ属性が出力に含まれない以外はReact.renderToString()と同じです。

B.2.9　React.isValidElement

```
boolean isValidElement(* object)
```

引数
- object —— 任意のオブジェクト

戻り値
objectがReactElementである場合はtrue／そうでない場合はfalse

説明
指定されたオブジェクトがReactElementかどうかチェックします。

B.2.10　React.findDOMNode

```
DOMElement findDOMNode(ReactComponent component)
```

引数
- component —— コンポーネントインスタンス

戻り値
DOMElement

説明

コンポーネントがすでに描画されている場合、実際に描画されたDOM要素を返します。実際のDOM要素にアクセスすることで、フォームの値や要素のサイズを取得できます。

B.2.11　React.cloneElement

```
ReactElement cloneElement(
  ReactElement element,
  [object props],
  [children ...]
)
```

引数

- element —— ReactElement
- props（省略可能）—— コンポーネントのプロパティを格納するオブジェクト
- children（省略可能）—— 子ノード（ReactElement／文字列／数値、およびそれらの配列）

戻り値

ReactElement

説明

指定されたelementのコピーを作成して返します。新しく作成されたReactElementのpropsは、既存のelementのpropsに引数propsの内容がマージされたものです。また、既存のelementの子ノードは引数childrenで置き換えられます。

B.2.12　React.DOM

React.DOMの配下には、DOMコンポーネントのためのファクトリー関数が定義されています。これらはすべてReact.createElement()のラッパーです。例えば以下の呼び出しは、

```
React.DOM.div(null, 'Hello World!');
```

React.createElement()を使えば以下のように記述でき、

```
React.createElement('div', null, 'Hello World!');
```

さらに、JSXを使えば以下のように記述できます。

```
<div>Hello World!</div>
```

B.2.13　React.PropTypes

　React.PropTypesの配下には、コンポーネント仕様のpropTypesオブジェクトで参照されるオブジェクトが定義されています。propTypesオブジェクトはコンポーネントの外部から与えられたpropsの値をチェックするために使用されます。詳しくはコンポーネント仕様のpropTypesを参照ください。

B.2.14　React.initializeTouchEvents

```
initializeTouchEvents(boolean shouldUseTouch)
```

引数
- shouldUseTouch ── タッチイベントを有効にする場合はtrue／無効にする場合はfalse

戻り値
　なし

説明
　モバイルデバイスなどでタッチイベントを使用したい場合、このAPIを明示的に呼び出す必要があります。

B.2.15　React.Children

　React.Childrenの配下には、コンポーネントのthis.props.childrenを操作するためのユーティリティ関数が定義されています。

B.2.16　React.Children.map

```
object React.Children.map(object children, function fn [, object context])
```

引数
- children ── コンポーネントのthis.props.children
- fn ── 以下のシグネチャを持つ関数
    ```
    ReactElement fn(
      ReactNode node,
      number index
    )
    ```

- context（省略可能）——関数fnの呼び出し時にthisとして参照されるコンテキストオブジェクト

戻り値

関数fnの戻り値をもとに構築された新しいchildrenオブジェクト

説明

指定されたchildren内に含まれるすべての子ノードに対して関数fnを適用し、その結果からなる新しいオブジェクトを生成して返します。childrenがネストしている場合は直下の子ノードに対してのみ関数fnが呼び出されます。

B.2.17 React.Children.forEach

```
React.Children.forEach(object children, function fn [, object context])
```

引数

- children —— コンポーネントのthis.props.children
- fn —— 以下のシグネチャを持つ関数
  ```
  fn(
    ReactNode node,
    number index
  )
  ```
- context（省略可能）——関数fnの呼び出し時にthisとして参照されるコンテキストオブジェクト

戻り値

なし

説明

戻り値を返さない以外はReact.Children.map()とまったく同じです。

B.2.18 React.Children.count

```
number React.Children.count(object children)
```

引数

- children —— コンポーネントのthis.props.children

戻り値

children 内に含まれる直下の子ノードの数

説明

戻り値は React.Children.map() および React.Children.forEach() においてコールバック関数が呼び出される回数と一致します。

B.2.19　React.Children.only

```
object React.Children.only(object children)
```

引数

- children —— コンポーネントの this.props.children

戻り値

children が唯一の子ノードを持つ場合はその子ノード／そうでない場合は例外が発生

説明

コンポーネントが唯一の子ノードを持つかチェックします。

B.3　コンポーネント API

React コンポーネントのインスタンスは、初回のコンポーネント描画時に React により内部的に生成され、以降の描画で再利用されます。コンポーネントの内部からインスタンスにアクセスするには、ライフサイクルメソッド内で this 経由でアクセスします。一方、コンポーネントの外部からインスタンスにアクセスするには、React.render() の戻り値を取得するか、もしくは ref 属性を使用します。以下にコンポーネントインスタンスが提供する API を挙げます。

B.3.1　setState

```
setState(object nextState[, function callback])
```

引数

- nextState —— 設定したい state のキーと値を含むオブジェクト
- callback（省略可能）—— コンポーネントの再描画が完了した時点で呼び出されるコールバック関数

戻り値

なし

説明

与えられたオブジェクト nextState を現在の state にマージします。このメソッドは結果的にコンポーネントの render() 呼び出しを発生させるため、イベントハンドラやサーバーからのデータ取得のコールバック関数内で、UI を更新するために使用されます。state の更新は非同期で処理されるため、このメソッドを呼び出した直後の行で state の値を参照しても、変更はまだ反映されていません。

B.3.2　replaceState

```
replaceState(function|object nextState[, function callback])
```

引数

- nextState ── 設定したい state のキーと値を含むオブジェクト／現在の state と props を受け取り、新しい state のオブジェクトを返す関数
- callback（省略可能）── コンポーネントの再描画が完了した時点で呼び出されるコールバック関数

戻り値

なし

説明

setState() と同様、state を更新して再描画を発生させますが、setState() と異なり、既存の state はすべて破棄されて nextState と入れ替えられます。

B.3.3　forceUpdate

```
forceUpdate([function callback])
```

引数

- callback（省略可能）── コンポーネントの再描画が完了した時点で呼び出されるコールバック関数

戻り値

なし

説明

強制的に再描画を発生させます。ただし、renderメソッドの出力に変化がないかぎり、実際のDOMの更新は行われません。一般的にrenderメソッドがthis.propsおよびthis.state以外の値を参照している場合に、このメソッドを用いて再描画を行うことがあります。

B.3.4 getDOMNode

```
DOMElement getDOMNode()
```

引数

なし

戻り値

DOMElement

説明

実際のDOM要素にアクセスするために使用されます。コンポーネントがまだ描画されていないときにこのメソッドを呼び出すとエラーになります。通常は、ライフサイクルメソッドのcomponentDidMount()もしくはイベントハンドラ内で、React.findDOMNode(this)の形で呼び出されます。

> **ES6 classベースのコンポーネントで廃止されたメソッド**
>
> React v0.13からES6のclass定義がコンポーネントクラスとして使えるようになりましたが、ES6 classでコンポーネントを定義した場合、いくつかのコンポーネントAPI (getDOMNode、replaceState、isMounted、setProps、replaceProps) は使用できません。getDOMNodeに関しては同じ機能を提供するトップレベルAPI (React.findDOMNode) が追加されており、「React.findDOMNode(this)」のような形で代用できます。

B.3.5 isMounted

```
bool isMounted()
```

引数

なし

戻り値

コンポーネントがすでに描画済みであれば true ／まだ描画されていなければ false

説明

setState() などのコンポーネント API を安全に呼び出すために使用されます。

B.3.6 setProps

```
setProps(object nextProps[, function callback])
```

引数

- nextProps —— 設定したい props のキーと値を含むオブジェクト
- callback（省略可能）—— コンポーネントの再描画が完了した時点で呼び出されるコールバック関数

戻り値

なし

説明

与えられたオブジェクト nextProps を現在の props にマージします。このメソッドはコンポーネントツリーの外部から特定のコンポーネントを再描画したい場合に使用されます。例えばサードパーティの JavaScript ライブラリから React に対して変更を通知する場合、通常は React.render() を使ってトップレベルのコンポーネントを再描画しますが、setProps() を使って特定のコンポーネントのみに変更を通知することも可能です。this.setProps() のようにコンポーネント内部から props を変更することはやめましょう。そのような場合は state を使います。

B.3.7 replaceProps

```
replaceProps(object nextProps[, function callback])
```

引数
- `nextProps` —— 設定したい props のキーと値を含むオブジェクト
- `callback`（省略可能）—— コンポーネントの再描画が完了した時点で呼び出されるコールバック関数

戻り値
なし

説明
`setProps()` と同様、props を更新して再描画を発生させますが、`setProps()` と異なり、既存の props はすべて破棄されて nextProps と入れ替えられます。

> **イミュータブルな props**
> React v0.13 から props をイミュータブル（不変）なものとして扱うことが推奨され、将来的には `setProps` のような props に対する変更操作は廃止される予定です。その代わり既存の ReactElement をコピーして props を上書きするためのトップレベル API として `React.cloneElement(element, props, ...children)` が v0.13 から追加されました。

B.4 コンポーネント仕様

ここまで React が提供する API を説明しましたが、ここからは、アプリケーションが提供しなければいけない API です。これらは `React.createClass()` の引数として渡すコンポーネント仕様のオブジェクト上で定義します。コンポーネント仕様には以下に挙げるようなオブジェクトやライフサイクルメソッドを定義できます。

B.4.1 オブジェクト

B.4.1.1 propTypes

```
object propTypes
```

propTypesはpropsのエントリのデータ型や省略可否などの情報を記述するためのオブジェクトです。親コンポーネントから渡されたプロパティの妥当性をチェックするために使用されます。以下に例を示します。

```
var MyComponent = React.createClass({
  propTypes: {
    title: React.PropTypes.string.isRequired,
    user: React.PropTypes.shape({
      id: React.PropTypes.number.isRequired,
      name: React.PropTypes.string
    }).isRequired,
    onClick: React.PropTypes.func
  },
  render: function() {
  }
});
```

propTypesオブジェクトのエントリで、末尾に.isRequiredが指定されているものは省略不可能なプロパティです。これらのプロパティを親コンポーネントが提供しなかった場合はコンソールに警告が表示されます。

propTypesオブジェクトで指定可能なデータ型は以下になります。

```
React.PropTypes.number    // 数値
React.PropTypes.string    // 文字列
React.PropTypes.bool      // 真偽値
React.PropTypes.object    // オブジェクト
React.PropTypes.array     // 配列
React.PropTypes.func      // 関数
React.PropTypes.element   // ReactElement
React.PropTypes.node      // 数値、文字列、ReactElement、およびそれらの配列
```

また、以下のような複雑なバリデーションも指定できます。

```
// instanceof 演算子
React.PropTypes.instanceOf(Message)

// 特定の値のいずれか
React.PropTypes.oneOf(['News', 'Photos'])

// 特定のデータ型のいずれか
React.PropTypes.oneOfType([
  React.PropTypes.string,
  React.PropTypes.number,
  React.PropTypes.instanceOf(Message)
])
```

```
// 特定のデータ型の配列
React.PropTypes.arrayOf(React.PropTypes.number)

// 特定のデータ型の値を持つオブジェクト
React.PropTypes.objectOf(React.PropTypes.number)

// 特定のキーと値の組み合わせを持つオブジェクト
React.PropTypes.shape({
  color: React.PropTypes.string,
  fontSize: React.PropTypes.number
}),

// undefined以外の値
React.PropTypes.any.isRequired

// カスタムのバリデーション関数を指定することもできます。
// propsがプロパティ名と共に渡されるので、値をチェックして
// 妥当でない場合はエラーを返します。
function(props, propName, componentName) {
  if (!/matchme/.test(props[propName])) {
    return new Error('Validation failed!');
  }
}
```

propTypesオブジェクトは実行時のチェック以外にも、コードの可読性を上げる目的で使用できます。コンポーネントが必要とするすべてのpropsをこのオブジェクトで宣言することで、コンポーネントのインタフェースが明確になります。

B.4.1.2 mixins

```
array mixins
```

mixinsはMixinオブジェクトの配列です。Mixinは複数のコンポーネント間の共通の処理を記述するために使用されます。Mixinについては7章を参照ください。

B.4.1.3 statics

```
object statics
```

staticsはコンポーネントクラスに属するスタティック関数やスタティック変数を定義するためのオブジェクトです。これらの関数もしくは変数は、インスタンスを生成しなくてもアクセス可能です。以下に例を示します。

```
var MyComponent = React.createClass({
  statics: {
    isBar: function(foo) {
      return foo === 'bar';
    }
  },
  render: function() {
  }
});

if (MyComponent.isBar('bar')) {
  React.render(<MyComponent />);
}
```

上記のコードで、スタティック関数 isBar はコンポーネントを描画する前にアクセスできます。スタティック関数内では props や state にアクセスすることはできません。

B.4.1.4　displayName

```
string displayName
```

displayName はコンポーネントクラスの名前を表す文字列で、デバッグ情報の出力時に使用されます。JSX を使用する場合は、displayName は定義しなくても自動的に追加されます。

B.4.2　ライフサイクルメソッド

B.4.2.1　render

```
ReactElement render()
```

引数
　　なし

戻り値
　　ReactElement

説明
　　render メソッドはコンポーネント仕様の中で唯一の省略不可能なライフサイクルメソッドです。このメソッドは this.props と this.state の値をもとに ReactElement を作成し戻り値として返します。ReactElement は他の ReactElement を含むことでツリーを構成することが可能です。JSX のマークアップ記述は ReactElement へと変換されま

す。何も表示したくない場合はnullもしくはfalseを返します。
render()の戻り値は単一のReactElementである必要があります。以下のようなJSXはエラーとなります。

```
render: function () {
  return (
    <h1>Survey</h1>
    <div>{props}</div>   // エラー
  );
}
```

このような場合は、以下のように単一のタグで囲う必要があります。

```
render: function () {
  return (
    <div>
      <h1>Survey</h1>
      <div>{props}</div>
    </div>
  );
}
```

B.4.2.2 getInitialState

```
object getInitialState()
```

引数

なし

戻り値

コンポーネントで使用するstateのキーと初期値を含むオブジェクト

説明

このメソッドは、コンポーネントインスタンスが生成されるたびに呼び出されます。ここで返されたオブジェクトはthis.stateを初期化するために使用されます。

このメソッド内でthis.propsにアクセスすることが可能なので、以下のようにpropsの値でstateを初期化することも可能です。

```
getInitialState: function () {
  return {
    value: this.props.initialValue
  };
},
```

B.4.2.3 getDefaultProps

```
object getDefaultProps()
```

引数
なし

戻り値
コンポーネントが定義するpropsのキーとデフォルト値を含むオブジェクト

説明
このメソッドは、コンポーネントクラスごとに一度だけ呼び出されます。ここで返されたオブジェクトは`this.props`の初期値として使用されますが、親コンポーネントが明示的にプロパティを指定した場合はそちらが優先されます。通常は、`propTypes`オブジェクトで`isRequired`を指定しなかったプロパティに対してのみ、このメソッドでデフォルト値を定義します。このメソッドはインスタンス生成のたびに呼び出されるわけではないので、インスタンスごとにユニークな値を返すことはできません。

B.4.2.4 componentWillMount

```
componentWillMount()
```

引数
なし

戻り値
なし

説明
コンポーネントがページに追加される直前に呼び出されます。このメソッドは初回の描画時にのみ呼び出されます。このメソッド内で`setState`を呼び出した場合、直後に呼び出される`render()`は更新された`state`を正しく反映します。また、それにより`render()`が複数回呼び出される心配はありません。このライフサイクルメソッドは、クライアントサイドとサーバーサイドの両方（つまり`React.render()`と`React.renderToString()`の両方）で呼び出されます。

B.4.2.5　componentDidMount

```
componentDidMount()
```

引数
　なし

戻り値
　なし

説明
　コンポーネントがページに追加された直後に呼び出されます。このメソッドは初回の描画時にのみ呼び出されます。このメソッドが呼び出される時点で、コンポーネントはすでに画面に表示されているので、`React.findDOMNode(this)`を呼び出すことでDOMの参照にアクセスすることができます。
　このライフサイクルメソッドは、サーバーサイドでは呼び出されることはありません。

B.4.2.6　componentWillReceiveProps

```
componentWillReceiveProps(object nextProps)
```

引数
- `nextProps` —— 新しいpropsのキーと値を含むオブジェクト

戻り値
　なし

説明
　コンポーネントが新しいpropsを受け取るたびに呼び出されます。このメソッドは初回の描画時には呼び出されません。
　このメソッド呼び出しの直後に`render()`メソッドが呼び出されます。もしpropsの値をもとにstateを更新する必要があれば、このメソッド内で`this.setState()`を呼び出してください。それにより`render()`が追加で呼び出される心配はありません。このメソッドが呼び出された時点では、まだ`this.props`は更新されていないので、更新前の値にアクセスすることが可能です。
　このライフサイクルメソッドは、サーバーサイドでは呼び出されることはありません。

B.4.2.7　shouldComponentUpdate

```
boolean shouldComponentUpdate(object nextProps, object nextState)
```

引数
- `nextProps` —— 新しいpropsのキーと値を含むオブジェクト
- `nextState` —— 新しいstateのキーと値を含むオブジェクト

戻り値
　　直後に発生する`render`メソッド（および`componentWillUpdate()`と`componentDidUpdate()`メソッド）の呼び出しをキャンセルしたい場合は`false`／そうでない場合は`true`

説明
　　`props`もしくは`state`が変更された結果、再描画が発生するとき、`render`メソッドが呼び出される直前にこのメソッドが呼び出されます。このメソッドは初回の描画時には呼び出されません。また、`forceUpdate()`を明示的に呼び出した場合も、このメソッドは呼び出されません。
　　新しい`props`および`state`値に対してコンポーネントを再描画する必要がないことがわかっている場合、このメソッドで`false`を返すことで、不要なメソッドの呼び出しを抑止することができます。
　　このライフサイクルメソッドは、サーバーサイドでは呼び出されることはありません。

B.4.2.8　componentWillUpdate

```
componentWillUpdate(object nextProps, object nextState)
```

引数
- `nextProps` —— 新しいpropsのキーと値を含むオブジェクト
- `nextState` —— 新しいstateのキーと値を含むオブジェクト

戻り値
　　なし

説明
　　再描画が発生して`render`メソッドが呼び出される直前にこのメソッドが呼び出されます。このメソッドは初回の描画時には呼び出されません。再描画が発生する前になんら

かの処理を実行したい場合、このメソッドが最後の機会となります。このメソッド内で`this.setState()`を呼び出すことはできません。

このライフサイクルメソッドは、サーバーサイドでは呼び出されることはありません。

B.4.2.9 componentDidUpdate

```
componentDidUpdate(object prevProps, object prevState)
```

引数
- `prevProps` —— 古い`props`のキーと値を含むオブジェクト
- `prevState` —— 古い`state`のキーと値を含むオブジェクト

戻り値

なし

説明

再描画が発生して必要な変更がDOMに反映された後にこのメソッドが呼び出されます。このメソッドは初回の描画時には呼び出されません。通常、更新されたDOMにアクセスしたい場合にこのメソッドを使用します。

このライフサイクルメソッドは、サーバーサイドでは呼び出されることはありません。

B.4.2.10 componentWillUnmount

```
componentWillUnmount()
```

引数

なし

戻り値

なし

説明

コンポーネントがページから削除される直前に呼び出されます。タイマーやイベントハンドラなど、`componentDidMount`メソッドでDOMに対して加えた変更をこのメソッドで元に戻します。

このライフサイクルメソッドは、サーバーサイドでは呼び出されることはありません。

索引

記号・数字

!!（二重否定） 50
&&（論理演算子） 18
{}（波括弧） 14, 16, 20, 34
===（厳密等価演算子） 125
2048（ゲーム） 211

A

a single source of truth（単一の情報源） 30
Accessibility Developer Tools 90
Action 202
AJAX 4, 68, 89, 116, 126, 195, 201
AngularJS 146
API リファレンス 231
ARIA（Accessible Rich Internet Applications） 90
Atom エディタ 209
atom-shell 209
autoFocus 属性 87
Aviator 197

B

Backbone.js 145, 153
Backbone.Router 196
Blink 186
blur イベント 88
Bower 130
Browserify 129, 146

C

canvas コンポーネント 63
Canvas 描画 96
Capybara 141
CasperJS 141, 185, 189
Chai 141, 180
change イベント 20, 39, 74, 80
checked 属性 78
Cheerio 184
Chrome 7, 90, 104, 136, 186
className 属性 21, 75, 149
clearInterval 57, 171
click イベント 20
ClojureScript 200
coffeeify 130
CoffeeScript 130, 133
CommonJS 119, 133
componentDidMount メソッド 27, 251
componentDidUpdate メソッド 30, 253
componentWillMount メソッド 27, 250
componentWillReceiveProps メソッド 28, 251
componentWillUnmount メソッド 30, 253
componentWillUpdate メソッド 30, 252
composition（合成） 47
contentEditable 属性 64
Controlled components（管理されたコンポーネント）
 72
Controller-View 205
CSS アニメーション 6, 93, 104, 212
CSSTransitionGroup 43, 93

D

D3.js 221
dangerouslySetInnerHTML 19
defaultChecked 属性 78
defaultValue 属性 72, 76, 85
Developer Tools 104, 136
Dispatcher 202
displayName 137, 248
DOM 3
　〜に存在しない属性 18
　〜の更新 4, 211
DOM 操作 63
DSL（Domain Specific Language、固有言語）
.... 202

E

E2E テスト 140, 185
ECMAScript 16, 131, 233, 243
Ember.js 146
express 180

F

Facebook 3, 24, 119, 200
Firefox 186
Flux 60, 125, 200
forceUpdate メソッド 29, 242

G

Gecko 186
getDefaultProps メソッド 26, 35, 250
getDOMNode メソッド 243
getInitialState メソッド 27, 249
GitHub 5, 125, 209
Grunt 133
Gulp 133

H

HTML 3
　〜と JSX の違い 16
　〜の拡張 47

　〜の検査 145
HTML メール 111, 215
HTML5 11
　〜の ARIA 90
　〜のドラッグアンドドロップ API 41
htmlFor 属性 21, 75

I

IE（Internet Explorer） 186
Immutable.js 124
Immutable.List 125
Immutable.Map 124
inheritance（継承） 47
innerHTML 19, 64, 145
input type="checkbox" 78
input type="radio" 48, 80
input type="text" 72
insertBefore 106
isMounted メソッド 244
Isomorphic JavaScript 180
Isomorphic ルーティング 116
Isomorphic レンダリング 7

J

Jasmine 119, 122, 141, 180
jasmine-node 141
jasmine-react-helpers 153, 178
JavaScript 3
　〜に変換する 130
JavaScript XML 10
Jest 119, 180
jQuery 27, 145, 184
jQuery プラグイン 67
JSBin 138
JSFiddle 24, 138
JSX 9, 226
　〜コンパイラサービス 24
　〜と HTML の違い 16
JSXTransformer 226

K

Karma .... 141, 143 key 属性 96, 105

L

label 21
LESS 133

M

Mixin 29, 46, 57, 83, 102
　〜のテスト 165
mixins 58, 247
Mocha 141, 179
multiple 属性 76, 84
MVC (Model-View-Controller)
　................................... 4, 8, 47, 195, 201, 208

N

name 属性 21
　フォーム要素の〜 79
Nightwatch.js 141
Node.js 7, 109, 119, 129, 151, 179, 191
npm 130, 190
　〜のパッケージ 151
NW.js 209

O

Om 200
onChange 20, 74
onClick 20, 39
option 値 76, 85

P

package.json 120, 130, 132, 181
PDF に変換 111
PhantomJS 186
PHP 3
placeholder 属性 88
position: absolute 96
props 33, 245
propTypes 35, 245
pushState 116

Q

QUnit 141

R

React .... v, 232
　〜の配布形態 223
React Developer Tools 136
React.addons 142, 158
React.addons.LinkedStateMixin 83, 87
React.addons.Perf 104
React.addons.PureRenderMixin 29, 102
React.addons.createFragment 86
React.addons.update 103
React.Children 239
React.Children.count 240
React.Children.forEach 85, 240
React.Children.map 239
React.Children.only 241
React.cloneElement 34, 238
React.createClass 47, 233
React.createElement 22, 233
React.createFactory 23, 234
React.DOM 22, 238
React.findDOMNode 19, 237
React.initializeTouchEvents 40, 239
React.isValidElement 237
React.PropTypes 35, 239
React.render 22, 235
React.renderToStaticMarkup 110, 237
React.renderToString 110, 236
React.unmountComponentAtNode 170, 236
ReactElement 9, 22, 231
reactify 130
react-router 180, 198
react-tools 227
ref 属性 63, 72, 79, 86, 158, 162
render メソッド 13, 27, 248
replaceProps メソッド 245
replaceState メソッド 43, 242
requestAnimationFrame 96
rewireify 146, 151
rewire-webpack 151

S

Safari 186
scry 164
select 76, 84, 86
Selenium 141
SEO（Search Engine Optimization）
.... 7, 114, 116, 117
Separation of concerns（関心の分離）...... 9, 13, 201
setInterval 57, 168
　〜のスタブ 175
setProps メソッド 33, 244
setState メソッド 37, 241
setTimeout 96
　〜を使ったアニメーション 98
shouldComponentUpdate メソッド 29, 101, 252
Sinon 141
Spy 122
spyOn 関数 152, 169
state 28, 36
　〜とイベント 40
　〜の監視 50
　〜の更新 43
state machine（状態機械）... 3, 25, 32, 36, 211, 213
statics 114, 247
Store 204
style 属性 22
submit イベント 79
SuperTest 141, 182
SVG 220
SyntheticEvent 46, 75

T

TDD（テスト駆動開発）....................... 139
TestUtils.findRenderedComponentWithType
.... 158
TestUtils.findRenderedDOMComponentWithClass
.... 149, 150
TestUtils.mockComponent 123
TestUtils.renderIntoDocument 122, 142
TestUtils.scryRenderedComponentsWithType
.... 164
TestUtils.scryRenderedDOMComponentsWithClass
.... 165
TestUtils.scryRenderedDOMComponentsWithTag
.... 163
TestUtils.Simulate 159, 161
textarea 46, 76
Trident 186

U

uglifyjs 131
Uncontrolled components（管理されていない
　コンポーネント）.............................. 72

V

V8 117
value 属性 72, 74, 76, 77
vanilla（バニラ）............................. 151
Vows.js 141

W

Waitr 141
Watchify 132
Web Workers 117
Webkit 186
Webpack 129, 133, 151

X

XHP 3
XHR 60

Z

Zombie.js 141

あ行

アーキテクチャ 195
アクセシビリティ 90
アサーション 119, 122, 142, 180
アセット 133
アドオン 29, 83, 93, 102, 104, 141
アニメーション 6, 93
　CSS 〜 6, 93, 104, 212

setTimeoutを使った〜 98
タイマーを用いた〜 96
アンチパターン 30, 72
イベント 20
　〜処理 39
　〜と state 40
　〜のシミュレーション 159
　〜への反応 4, 211
　フォームの〜 75
イベントオブジェクト 45
イベントハンドラの登録 39
イミュータビリティヘルパー関数 103
イミュータブル 212
　〜な props 245
　〜なデータ構造 102, 124
インライン属性コメント 21
永続データ 4, 200
オートコンプリート 28, 65, 75, 79, 91
オブジェクト 245
親子間の関係 53
親コンポーネントへの統合 51

か行

開発環境の構築 223
可視化 11
カスタムコンポーネントの定義 13
カスタムフォームコンポーネント 84
仮想DOM 4, 6, 7, 27, 33, 37, 101, 105, 109, 211
関心の分離 (Separation of concerns) 9, 13, 201
関数のスタブ化 152
管理されたコンポーネント (Controlled components)
　... 72
管理されていないコンポーネント (Uncontrolled components) 72
簡略化 23
キー 18
キャメルケース 20, 22, 75
共有スペック 171
継承 (inheritance) 47
ゲーム 4, 211
厳密等価演算子 (===) 125
合成 (composition) 13, 47
コールバック関数のテスト 155
子ノード 15
コメント 20

固有言語 (Domain Specific Language、DSL)
　... 202
コンテキスト 20, 72, 117
コンポーネント 5, 9
　〜の合成 13, 47
　〜のセレクタ API 162
　〜のモック 146
　〜のライフサイクル 25
コンポーネント仕様 231, 245
コンポーネント API 241
コンポーネントインスタンス 232
コンポーネントクラス 231

さ行

サードパーティ 19, 63, 68, 79, 89, 117, 152
　〜のテスト 179
サーバーサイドレンダリング 109
三項演算子 17
参照 18
シミュレーション 159
条件分岐 16
状態機械 (state machine) 3, 25, 32, 36, 211, 213
シングルトン 116
スタイル属性 22
スタブ 147, 152, 165, 169
　setIntervalの〜 175
スタブ関数 155
スプレッドシンタックス 34
スペックファイル 120, 141
セレクタ 95, 189
セレクタ API 149
　コンポーネントの〜 162
双方向データバインディング 201
ソースマップ 131, 135
属性 16
　DOMに存在しない〜 18

た行

タイマー 27, 57, 68, 93, 112
　〜を用いたアニメーション 96
多肢選択 48, 53, 105
タッチイベント 40
単一責任の原則 140
単一の情報源 (a single source of truth) 30

チェックサム	110, 112
チェックボックス	37, 75, 78, 84, 88
抽象化	12
データビジュアライゼーション	220
データフロー	33, 201
デスクトップアプリケーション	209
テスト	139
〜の自動化	185
E2E〜	140, 185
Mixinの〜	165
コールバック関数の〜	155
サーバーサイドの〜	179
ブラウザを使った〜	185
テスト駆動開発（TDD）	139
テストツール	140
テストランナー	119, 142
デバッグ	129
デバッグツール	136
デフォルトのモック	121
デメテルの法則	140
同型の（Isomorphic）レンダリング	7
同型の（Isomorphic）ルーティング	116
動的な値	14
動的なプロパティの追加	49
独自データ属性	110, 146, 215
トップレベルAPI	232
ドラッグアンドドロップ	186, 190
トランジション	89, 93
トランスパイラ	12, 15

な行

波括弧（{}）	14, 16, 20, 34
二重否定（!!）	50

は行

バインド	20, 153
バッキングインスタンス	19
ハッシュ付きURL	116
バニラ（vanilla）	151
パフォーマンス	89
パフォーマンスチューニング	101
バリデーション	35, 73, 88
バンドル	129, 134
非同期データ	114
ピュア	27, 29, 102
描画関数	110
ビルド	129
ビルドツール	129
ファクトリー関数	23
フォーカス	87
フォーム	71
〜のイベント	75
フォーム要素のname属性	79
ブラウザを使ったテスト	185
プロファイルデータ	104
ヘッドレスブラウザ	186
ヘルパー関数	103, 178
ボトルネックを調べる	104

ま行

ミニファイ	131, 133, 135
メモリリーク	5, 6, 67, 112
モック	119
コンポーネントの〜	146
デフォルトの〜	121

や行

ユーザビリティ	88
ユースケース	209
ユニットテスト	126, 140

ら行

ライフサイクルメソッド	25, 248
ラジオボタン	29, 48, 75, 78, 79, 84, 88
ラベル	75, 86, 88
リファクタリング	140, 206
ルーター	115, 116, 180, 196
ルーティング	116
ルーティングライブラリ	196
レンダリング	7
論理演算子（&&）	18

●筆者紹介

Frankie Bagnardi（フランキー・バグナルディ）
さまざまなクライアントを相手にUXの仕事を提供するシニアフロントエンド開発者。暇さえあればStackOverflow（FakeRainBrigand）やIRC（GreenJello）で誰かの質問に答えたり、さまざまなプロジェクトにかかわっている。メールアドレスはf.bagnardi@gmail.com

Jonathan Beebe（ジョナサン・ビーブ）
Dave RamseyのDigital DevelopmentでWebやiOSのクライアントサイドの技術を担当している。それ以前はPHPのWebサービスやFinal Cut Pro / Motion用のプラグインを作成していた。アートの世界とコードを融合させるのが大好きで、読書家かつ写真家であり、何においても妻の期待を上回ることに野心を燃やしている。Twitterのアカウントは@bejonbee

Richard Feldman（リチャード・フェルドマン）
サンフランシスコにある教育系の技術会社NoRedInkのリードフロントエンドエンジニア。関数型言語の熱烈なファンで、多数のカンファレンスで登壇経験があり、通常のJavaScriptのオブジェクトや配列と互換性のあるイミュータブルなデータ構造を提供するオープンソースのライブラリseamless-immutableの作者でもある。TwitterとGitHubのアカウントは両方とも@rtfeldman

Tom Hallett（トム・ハレット）
サンフランシスコにあるリアルタイム動画プラットフォームのTout.comで働くRuby、JavaScriptのシニアエンジニア。JasmineテストフレームワークでReactアプリケーションのテストを支援するためのオープンソースツールjasmine-reactの作者でもある。TwitterとGitHubのアカウントはそれぞれ@tommyhallett、@tommyh。趣味は水球で妻と子供と過ごすのが楽しみ。

Simon Højberg（サイモン・ホイビュルク）
ロードアイランド州プロビデンスにあるSwipelyに勤務するシニアUIエンジニア。Providence JS Meetupの共同主催者であり、またStartup Institute Bostonで以前講師を務めていた。JavaScriptで実用的なユーザーインタフェースを構築することに没頭する傍ら、cssarrowplease.comのようなサイドプロジェクトに取り組んでいる。Twitterのアカウントは@shojberg

Karl Mikkelsen（カール・ミッケルセン）
LockedOnという不動産関係のCRMソフトウェアを作成する会社で、PHPとJavaScriptのシニアエンジニアとして勤務している。新しい技術を学ぶことや、既存の技術を異なるやり方で解決する方法を考えるのが好き。オンライン（karlmikko.com）でつかまらないときは、妻とロッククライミングをしているかコーヒーを飲んでいるかのどちらから。

●訳者紹介

宮崎 空（みやざき くう）
ソフトウェアエンジニア。デジタル家電や携帯電話などの組み込みソフトウェアの開発エンジニアを経て、2012年グリー株式会社に入社。JavaScriptによるマルチメディア処理の技術開発に従事する。html5j英語部部員。

入門 React
──コンポーネントベースのWebフロントエンド開発

2015年 4 月 6 日	初版第 1 刷発行
2016年10月12日	初版第 3 刷発行

著　　　者	Frankie Bagnardi（フランキー・バグナルディ）、Jonathan Beebe（ジョナサン・ビープ）、Richard Feldman（リチャード・フェルドマン）、Tom Hallett（トム・ハレット）、Simon Højberg（サイモン・ホイビュルク）、Karl Mikkelsen（カール・ミッケルセン）
訳　　　者	宮崎 空（みやざき くう）
発 行 人	ティム・オライリー
制　　　作	ビーンズ・ネットワークス
印刷・製本	日経印刷株式会社
発 行 所	株式会社オライリー・ジャパン 〒160-0002　東京都新宿区四谷坂町12番22号 Tel　　（03）3356-5227 Fax　　（03）3356-5263 電子メール　japan@oreilly.co.jp
発 売 元	株式会社オーム社 〒101-8460　東京都千代田区神田錦町3-1 Tel　　（03）3233-0641（代表） Fax　　（03）3233-3440

Printed in Japan (ISBN978-4-87311-719-5)
乱丁本、落丁本はお取り替え致します。

本書は著作権上の保護を受けています。本書の一部あるいは全部について、株式会社オライリー・ジャパンから文書による許諾を得ずに、いかなる方法においても無断で複写、複製することは禁じられています。